零基础看图学编程

Scratch Jr 儿童趣味编程入门

伟康 著

化学工业出版社

·北京·

图书在版编目（CIP）数据

零基础看图学编程：ScratchJr 儿童趣味编程入门 / 刘伟康著．—北京：化学工业出版社，2023.1

ISBN 978-7-122-42482-2

Ⅰ．①零… Ⅱ．①刘… Ⅲ．①程序设计－少儿读物 Ⅳ．① TP311.1-49

中国版本图书馆 CIP 数据核字（2022）第 206554 号

责任编辑：潘　清　　　　责任校对：刘曦阳

出版发行：化学工业出版社（北京市东城区青年湖南街 13 号　邮政编码 100011）

印　　装：河北京平诚乾印刷有限公司

889mm × 1194mm 1/24　印张 8¼　字数 196 千字　2023 年 3 月北京第 1 版第 1 次印刷

购书咨询：010-64518888　　　　售后服务：010-64518899

网　　址：http://www.cip.com.cn

凡购买本书，如有缺损质量问题，本社销售中心负责调换。

定　　价：68.00 元

推荐序

培养儿童的科技自信力

最近打开电视总能够看到很多儿童玩具的广告，这些广告往往都是给大人看的，宣传这些玩具可以培养孩子的专注力，增强孩子的动手能力，甚至还会让孩子成为小朋友中的小明星……所有的广告都是把产品美好的一面展示给观众，但是这些玩具的共性在于——它们都是“使用”类型的玩具，而不是“创作”类型的工具。

我家孩子是一个爱美的小姑娘，2017 年出生，现在 5 岁，充满求知欲，这种求知甚至有一些“蛮横”。当她看到喜欢的玩具或者食品的广告时，她会大声叫我们过来；甚至当我们过来时，广告已经放完了，她还会要求我们回看这个节目，好搞清楚这个好玩或者好吃的东西叫什么名字，有什么功能。虽然绝大多数情况下，我们不会给她买，但是不可否认的是，“使用”类型的产品已经深入到儿童的原始认知当中，“快叫你的爸爸妈妈来帮助你（充值）吧”，“快来扫描下方的二维码吧”，甜美可爱的声音背后，是否有一种消费主义的引诱嫌疑呢？

为了提高孩子玩具的“创作属性”，孩子妈妈给孩子买了一个用彩色胶水填色的 DIY 套装伦堡画。当标准作品做完了以后，还剩下一些多余的胶水。这时候我用 xTool 加工了一些雪弗板，层叠起来，选用了孩子自己挑选的荷花图案，还在上面放上了孩子的名字和创作日期。这样一个共同创作的作品，我穿上了一根红绳，希望能挂在孩子的书包上。显然，孩子现在不能自己完成这一切，但是她很喜欢参与，喜欢选择图案，喜欢按按钮让机器开始加工。这是一种潜移默化的科技自信力的培养。

常常有人问我：孩子什么时候可以学习编程？我一般回答是：孩子了解 0—10 数字的意义时就可以学习了。其实，这个问题的背后还有一个问题：孩子为什么要学习编程？事实上，这个问题的关键在于培养孩子的科技自信力。很多人在培养科技学生的时候，号召这些孩子以埃隆·马斯克（Elon Musk）为偶像，事实上这是不恰当的，埃隆·马斯克本质上是希望构建一种粉丝崇拜，而不是构建拥护者自己的科技自信力，这本质上跟创客文化是矛盾的。ScratchJr 则是一种符合这种科技自信力培养方向的软件平台，刘伟康老师撰写的《零基础看图学编程：ScratchJr 儿童趣味编程入门》贯彻了这种观点，在品读的过程中能够感受到刘老师是在从儿童视角出发，挖掘编程教学区别于其他形式学习的不可替代性，与此同时，又从超学科的视角给出了以趣味编程为核心的儿童学习活动“连续系统”的建构的可能性。因此，在第一遍审阅本书的时候，我的第一个问题就是，什么时候出第二本书？

很多孩子很喜欢乐高®玩具，其实购物平台上很多积木玩具应该叫乐高规范玩具，而不是乐高®玩具，因为乐高公司的积木设计专利已经过期，其设计已经成为人类共同的财富，这使得这种容易拼插的积木玩具变成“50 块钱一斤”的东西。虽然乐高®本身是注册商标，存在品牌的保护，但从功能上来看，有没有这个商标已经意义不大。我们应该尤其注意引导孩子的是去造物，而不是拜物，我总是劝告人们不要去购买乐高®玩具的收藏款，更不要参与二手平台上的“击鼓传花”，而要去学习一下 LeoCAD 一类的乐高规范积木的设计软件，这可能有些多事，但培养儿童的科技自信力和创客式的消费行为正是一件相当关键的事情，因为我自己五岁的女儿正在经历着一场价值观的拉扯和博弈。

当然，你的孩子也不可能置身事外。

吴俊杰（北京师范大学在读博士 全国知名创客教师）

前言

我国《新一代人工智能发展规划》中明确提出，在中小学阶段设置人工智能相关课程，逐步推广编程教育。对于儿童的编程学习而言，ScratchJr 是个不错的选择。它以更加简洁的方式向儿童介绍基本的编程概念与技能，帮助儿童利用不同功能的编程“积木块”设计自己的故事、动画、游戏等作品，提升儿童解决问题的能力，解决了儿童缺乏计算机编程技术支持的难题。

本书基于 ScratchJr 图形化编程设计开发，以 STEAM 理念整合跨学科内容，在语文、数学、道德与法治、科学等学科知识之外，还增加了时事新闻等内容，丰富的资料使编程学习充满乐趣。本书采用微项目设计，围绕儿童日常生活和学习来制作游戏、动画等。全书分为四个章节：

第一章介绍 ScratchJr 及其安装方法等。

第二章包含 12 个入门项目、12 个练习题和 24 个挑战任务。这一章的项目由简入难，每节课都会学习新知识。

第三章包含 6 个综合项目、6 个练习题和 12 个挑战任务，运用上一章的关键知识点，学习新的操作技巧。这一章的项目更有趣，也更有挑战性。

第四章提供 2 个终极挑战任务，学生可通过协作，按照给定的表格一步一步完成挑战。

本书深入浅出，循序渐进，适用于幼儿园大班及小学低年级学生学习，建议每周完成 1 ~ 2 个项目和课后作业。大部分项目都配有同步演示视频、教学视频及任务视频，能够更好地辅助学习。

可能有人认为：ScratchJr 很简单，让孩子自己玩一玩就行了。这种观念混淆了“娱乐”和“利用”两个概念。很多时候我们使用手机、电脑等电子设备只是为了娱乐，而非解决学习与生活中遇到的问题，更不用说把它们当做创作或表达思想的工具。将 ScratchJr 当成游戏，不但学不到任何知识，反而可能会打消孩子学习编程的兴趣。事实上，ScratchJr 保留了计算机最核心的概念，如事件、循环、序列、并行等，它既可以作为编程启蒙课程，也可以当作 Scratch 学习的前置课程。软件会更新、迭代、淘汰，唯有核心素养可以让孩子受益终身。解决问题、观察与表达是本书的核心思想，因此本书将 ScratchJr 当做解决问题和个性化表达的工具，以小学低年级学生生活为基础，注重课程的育人价值，以培养儿童计算思维为导向，引导儿童关注生活，热爱生活，利用编程知识解决现实问题。

限于作者水平，在编写过程中难免存在不足之处，如果对于本书有疑问或建议，欢迎批评和指导！

刘伟康

2023 年 2 月

目录

第一章
准备 ScratchJr

一起学习编程吧

什么是编程？

编程就是编写程序。那什么是程序呢？想知道这个问题，我们不妨先来做一道选择题吧！请在下列物品中选出你认为拥有程序的物品。

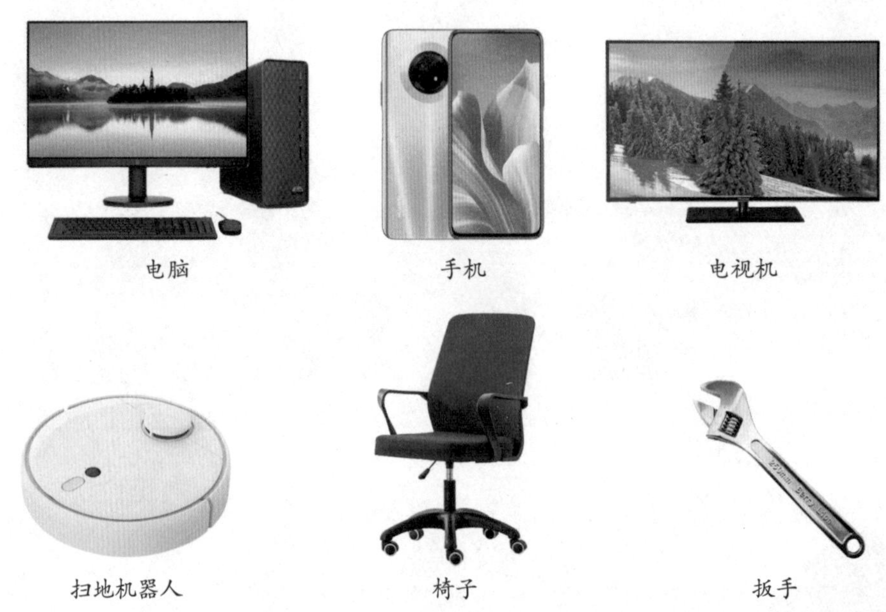

电脑　手机　电视机

扫地机器人　椅子　扳手

上面的物品除了椅子和扳手，都是拥有程序的物品。程序在我们的现代生活中无处不在：电脑游戏是程序，手机中的 App 是程序，机器人的身体里也有程序。请你想一想，为什么有时候手机 App 会自动给我们推送一些消息？为什么扫地机器人可以躲避障碍？为什么在电脑上搜索“小猪佩奇”就能找到动画片。这是因为有程序告诉它们要做什么，怎么去做。你可以简单理解为程序就是完成一件事的步骤。例如，妈妈在做饭，告诉你：“去楼下买一袋盐。”你收到妈妈的指令后，先拿上钱，然后下楼到超市，买了盐，上楼，最后把盐交给妈妈。你买盐的过程就是你的程序。编程，就是在计算机中编写一段程序，去完成某一件事，实现一个目标。

我们为什么要学习编程呢？

首先，编程可以让很多想法成为现实。你想自己制作动画片吗？你想设计一款自己的小游戏吗？这些都可以用编程来实现。掌握了编程技能，你就可以实现更多的设想。除了制作游戏、动画片，你还可以制作电子贺卡，送给家人和朋友；你还可以制作电子相册，记录美好时光；你还可以制作答题器，和朋友一起进行知识竞赛。学习编程可以极大地提高你的创造力。

其次，学习编程可以提升你的思维能力。在编程世界里，你必须头脑清晰，这要求你要学会分解问题，把一个大问题变成一个个小问题，再一步一步去解决。你会发现，编程中有很多重复的内容，这需要你分析重复的内容的规律，并善于利用重复的内容。另外，在编程的过程中可能会出现一些错误，当想要的效果没有出现时，需要你仔细分析，反复测试去解决问题。思维能力的提升也有助于你在学习其他知识时更加轻松和得心应手。

最后，学习编程可以帮助我们更好地学习和生活。我们正在进入人工智能的时代，你可能听说过人工智能机器人“阿尔法狗”（AlphaGo），战胜了围棋世界冠军！也可能看到人们在购物的时候，只需“刷脸”就能结账。在未来，越来越多的人工智能会出现在我们的生活中，我们不仅需要学会使用它们，还要拥有创造它们的能力，让人工智能为我们的生活、学习服务。

编程难学吗？

世上无难事，只怕有心人。努力学习，才能牢固掌握知识。编程也一样。编程分为很多种，作为零基础，我们从最简单的编程开始学习。本书使用的是最适合零基础学习的编程工具——ScratchJr。麻雀虽小，五脏俱全，ScratchJr 虽然比较简单，但它保留了编程学习的最核心的内容。你可以使用 ScratchJr 像搭积木一样进行编程学习，完成编程入门学习。

认识 ScratchJr

ScratchJr 是一款免费的入门级图形化编程工具。你可以在电脑上利用不同功能的“积木”让角色移动、跳跃、舞蹈、唱歌，也可以利用绘图编辑器绘制自己的角色、用麦克风录制自己声音、用照相机加入自己拍摄的照片，最终完成游戏或动画的设计。

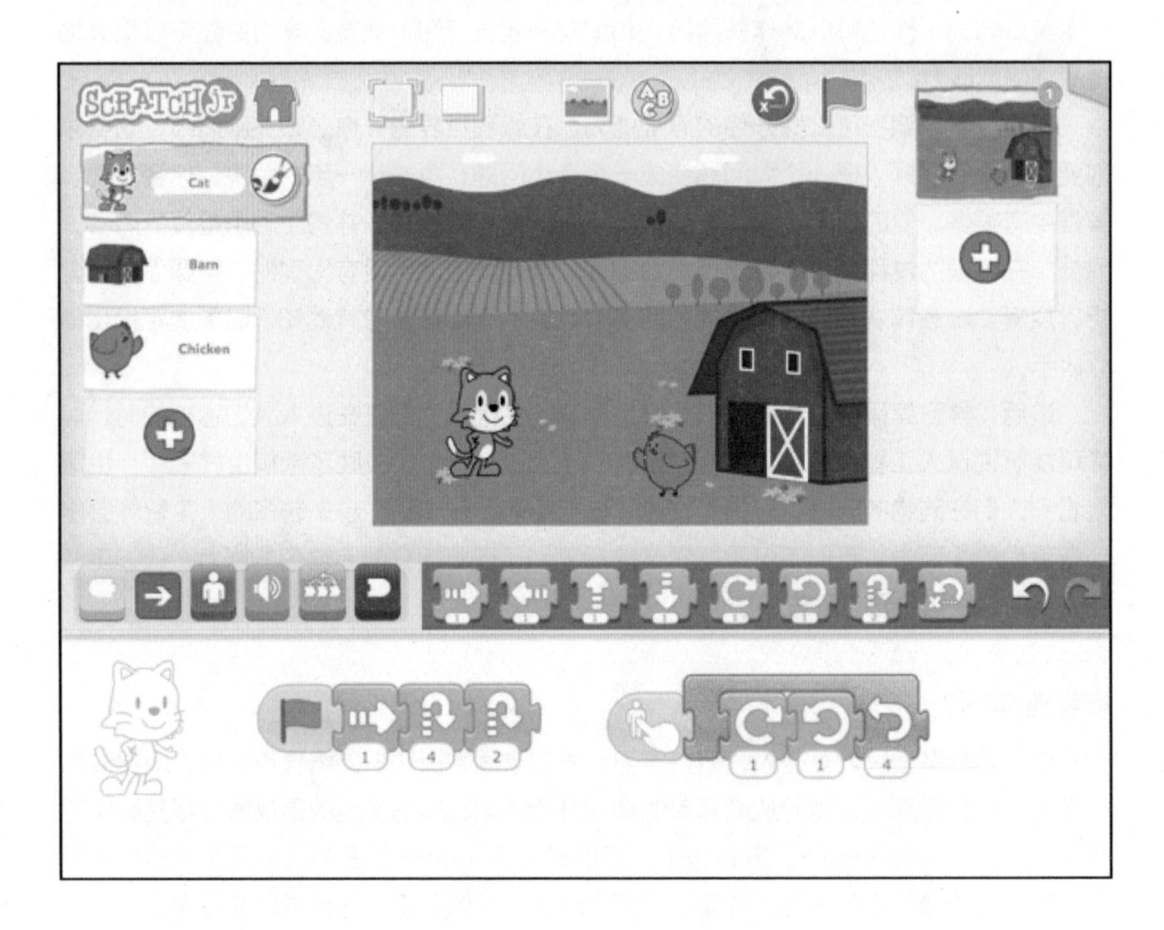

安装 ScratchJr

ScratchJr 是一款完全免费的编程工具，我们可以在平板电脑、笔记本电脑或者台式电脑，甚至手机上使用它，这里提供两种下载方式。

方式一：通过应用商店或应用市场安装

你可以尝试直接在 App Store（iOS 系统）或者应用市场（安卓系统）搜索 ScratchJr，下载安装即可（认准小猫图标，千万不要下载错了哟）。

方式二：下载本书资源

本书为大家准备了平板电脑版、手机版、电脑版的安装包，你可以扫描二维码，获取你需要的安装包。

如何学习 ScratchJr？

一、使用本书

书中为你准备了 20 个学习项目，由浅入深。在书中，除了编程知识，你还会了解到多方面的课外知识。你需要多动脑，勤思考，仔细观察，按照书中的步骤一步一步完成作品，每完成一步，都要进行检测。当然这些作品并不是一成不变的，你可以根据自己的想法来改变它。

在每个项目的最后，你需要完成一道题目，这是对编程知识的检测，还会有两个挑战任务摆在你面前，它们会要求你升级作品或者使用学习的知识完成新的作品，你可以邀请家人、朋友和你一起完成挑战，那将会大大提高你的学习效率。

每个项目开始前你可以观看作品的效果视频，这有助于你了解将要制作的作品，看的同时要动脑思考“如何制作这样的作品”。本书还为每个挑战任务制作了教程，但那需要你完成挑战任务后或者遇到了无法解决的困难时再开启。

二、学习资源

你可以在 ScratchJr 软件中点击“？”找到它的使用方法，也可以通过项目示例来了解它。你可以点击“小绿旗”或者按照要求运行这些作品。

点击右上角的“书本”，你可以看到 ScratchJr 的编程界面，在“界面指南”中点击数字，右边可显示它们的功能。

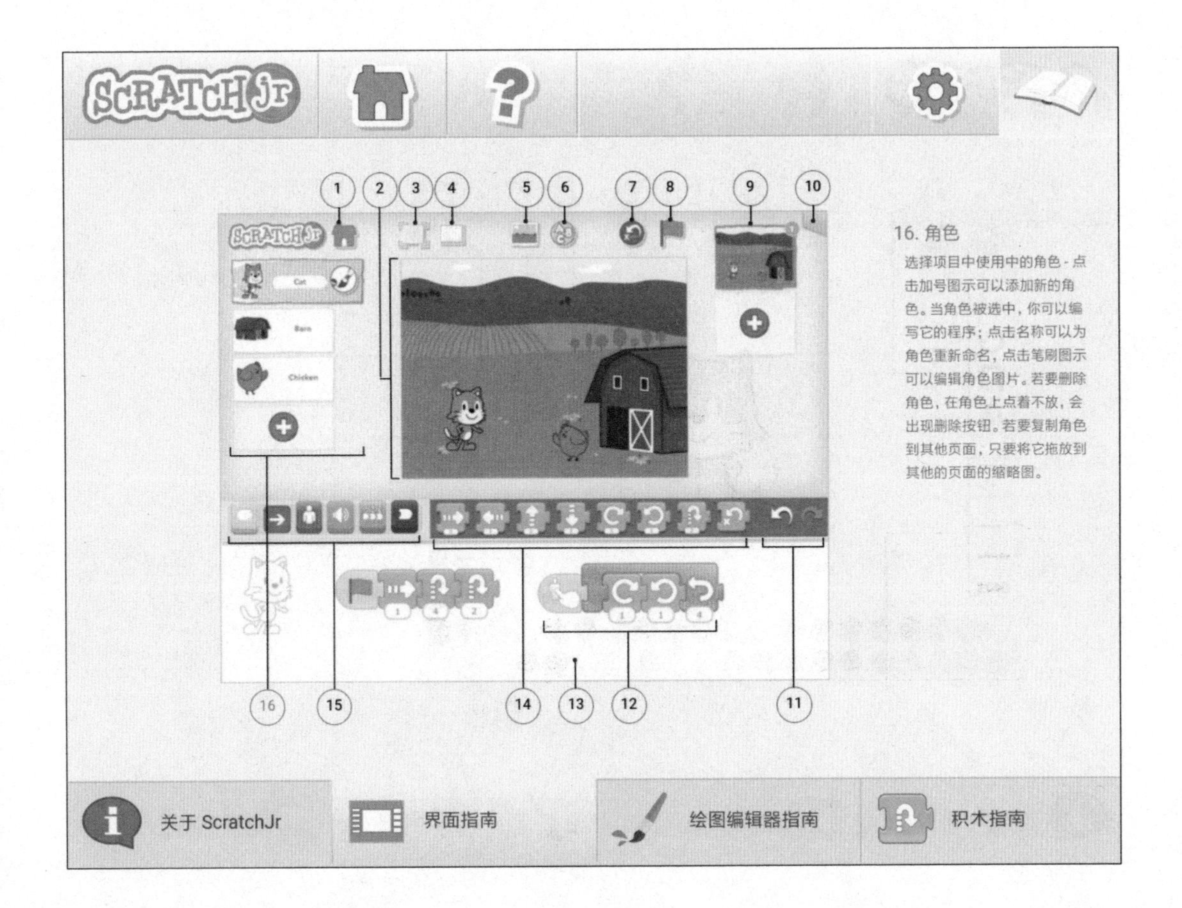

在“绘图编辑器指南”中同样地，点击数字在右边可显示每一个按钮的功能。

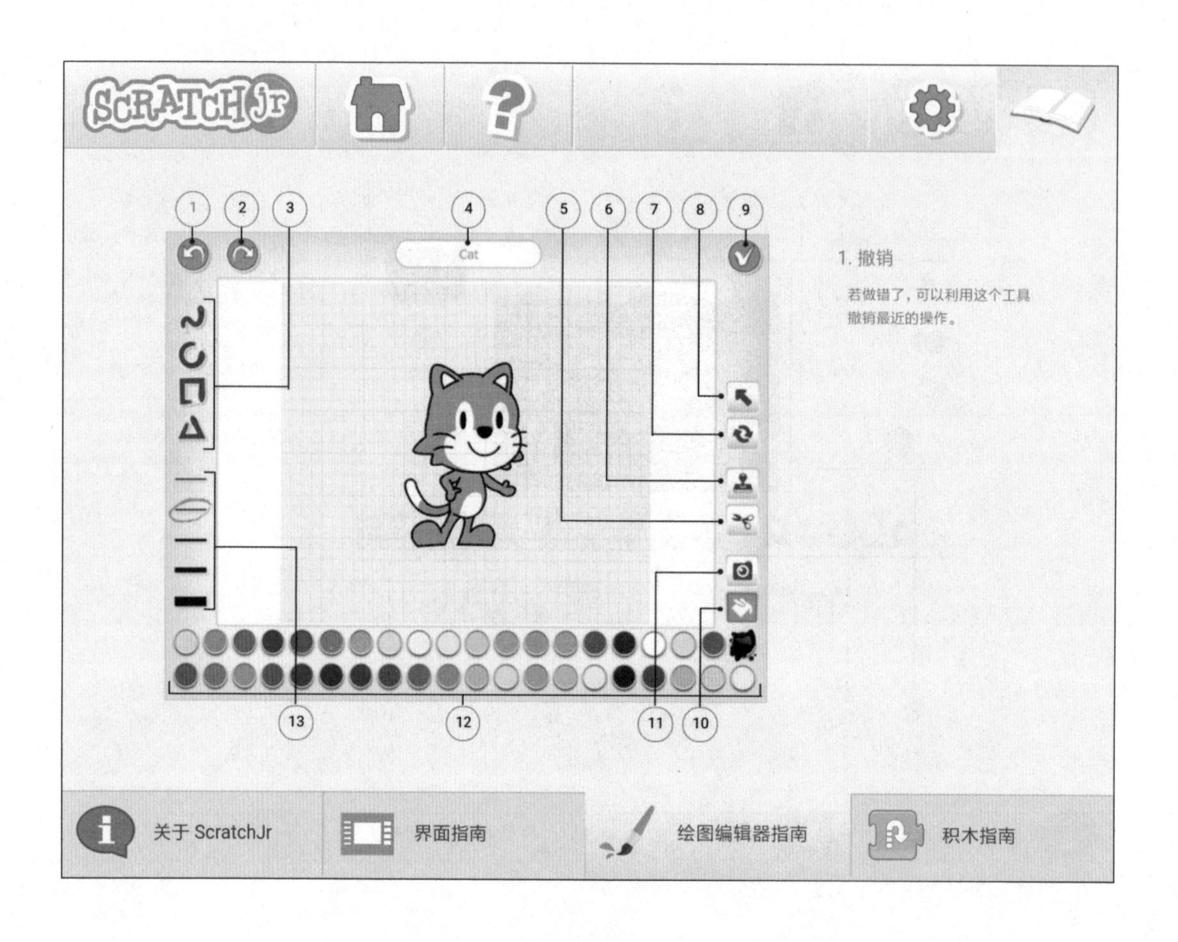

在“积木指南”中，按功能分类展示了所有积木的名称和使用说明。

三、ScratchJr 技巧与练习

你可以通过官方网站 http://www.scratchjr.org 了解更多内容。

点击“学习”——“技巧与提示”，可以了解对你使用 ScratchJr 有帮助的一些技巧和提示。

点击“教学”——“练习”，可以查看官方为你提供的快速学习的 9 个项目。

了解了这么多，现在，让我们一起来进入 ScratchJr 的世界吧！

第二章
ScratchJr 入门

第一节　我的机器猫

学习目标

1. 掌握作品的创建与保存；
2. 能够添加背景；
3. 能够录音并掌握录音积木块的使用；
4. 能够拼接积木块。

你知道吗?

猫咪很可爱又会撒娇，受到人们的喜欢。但猫咪也是有情绪的，高兴时它们会竖起尾巴，或者发出呼噜呼噜的声音，如果你惹它生气了，它有可能会猛地扑向你。所以在和猫咪玩耍的时候，注意不要被它误伤哦。

今天做什么?

小朋友，你喜欢猫咪吗？想不想拥有一只属于自己的小猫咪呢？今天我们就一起来制作一只机器猫，让它陪伴我们一起学习编程吧。

要怎么做呢？

今天的作品可以分为四个步骤来制作：

第一步： 创建一个新的作品	**第二步：** 为作品添加一个背景	**第三步：** 为小猫配音，让它跟我们打招呼	**第四步：** 启动程序与保存作品
			我的机器猫 MI PAD 2

一、创建新作品

1. 点击进入主页。

2. 点击可以创建一个新作品。

这个新作品的舞台上有一只小猫。不过，舞台上光秃秃的，不够美观，接下来添加背景看看会怎么样。

二、添加背景

1. 点击舞台上方的▭，可以看到所有的背景，选择一幅自己喜欢的背景。
2. 点击背景两下或者点击右上角✓就可以添加背景了。
3. 用手拖动小猫，放到舞台灯光下的位置。

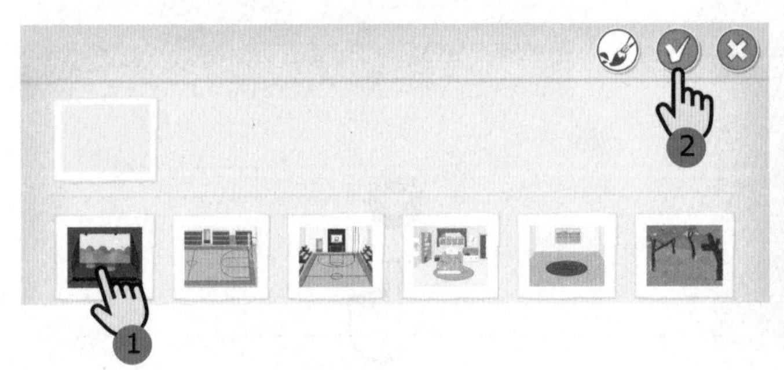

三、为小猫配音，让它跟我们打招呼

（一）为小猫录音

	声音盒子
	里面包含了播放声音和录音功能的积木块
	播放录音积木块
	在声音盒子中，能播放录制的声音或音乐

1. 点击，找到，点击它录制声音。

2. 点击开始录制，你可以说："我是机器猫，欢迎来到编程世界。"点击完成录音。这时会出现一个新的积木，这里就是你录制的声音。

把它拖到工作区，点击它听一听。

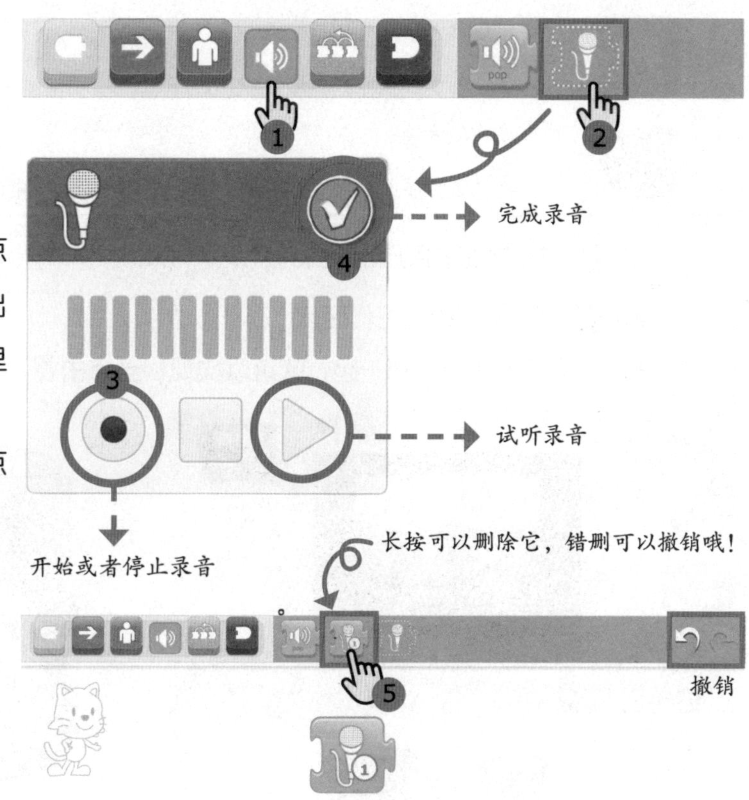

如果录音时失误，可以停止录音，再次点击 ● 可以重新开始录音。最多只能添加 5 个录音积木块。

（二）小猫说话

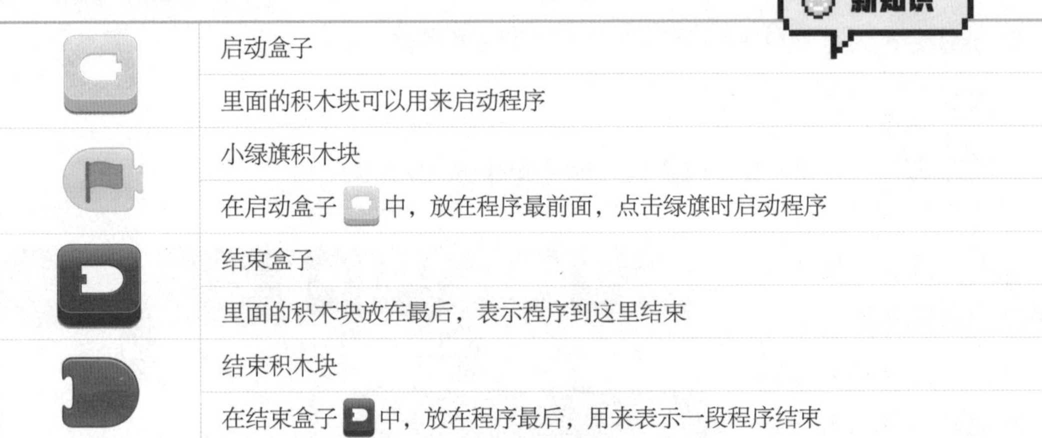

启动盒子	里面的积木块可以用来启动程序
小绿旗积木块	在启动盒子中，放在程序最前面，点击绿旗时启动程序
结束盒子	里面的积木块放在最后，表示程序到这里结束
结束积木块	在结束盒子中，放在程序最后，用来表示一段程序结束

1. 点击启动盒子，把小绿旗积木块拖动到工作区。

2. 点击结束盒子，把结束积木块拖动到工作区。

3. 把这三个积木块组合到一起，就可以实现：当点击小绿旗时，小猫跟我们打招呼。

积木块拼接错误时，可以从后向前拆开，并向上拖动到积木区移除。

四、启动与保存

现在，我们已经编写好了程序，快来测试一下有没有问题吧。

1. 点击舞台上方的小绿旗启动程序。小猫可以说话了吗？

2. 你也可以点击，使舞台放大，点击使舞台缩小。

3. 点击右上角的，快来给自己的作品取个名字吧。

恭喜你！完成了第一个作品《我的机器猫》，快去告诉家人和朋友们你是怎么完成作品的。

点击左上角的可以回到主页。

你学会了吗?

请把下面的积木块与它们所对应的位置或者功能用线连接起来。

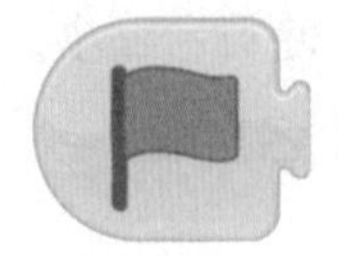
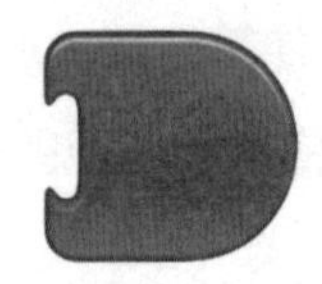

可以录音 可以播放声音 放在最前面 放在最后面

挑战一下吧!

任务 1：升级《我的机器猫》

尝试为机器猫添加多个录音积木块，让它能够多说一些话。

提示：录音积木块最多只能添加 5 个。

任务 2：制作《我的机器狗》

利用今天所学的知识制作一只会说话的小狗。

提示：点击左侧加号添加一只小狗。

我明白啦！

我们和小猫相处一定要温柔，注意观察它的情绪，也要注意不能用手直接去逗猫，以免被它误伤。

知识回顾

本节课我们了解了猫咪的习性，分四部分完成了《我的机器猫》作品。我们学习了：

- 创建与保存新作品；
- 为作品添加背景；
- 使用录音积木块录音并播放声音；
- 小绿旗积木块和结束积木块的功能。

播放所录制的声音或音乐。

放在程序最前面，点击绿旗时启动程序。

放在程序最后，用来表示一段程序结束。

积木展示

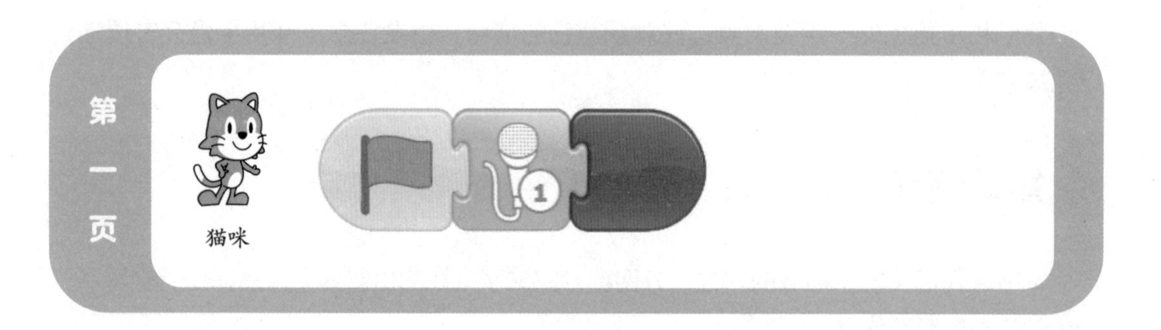

第二节　南海遨游

学习目标

1. 掌握角色的添加与删除；
2. 能够改变角色大小；
3. 掌握上下左右积木块的使用；
4. 理解无限循环的含义。

你知道吗?

中国是一个海洋大国，主要有渤海、黄海、东海、南海四大海域。我国的海洋资源非常丰富，特别是南海，它是中国最大的海域，那里有丰富的石油和天然气。南海还有大量美丽的岛屿，每一座都是我国不可缺失的海上明珠。

【试一试】你能在中国地图上找到南海的位置吗?

今天做什么?

你喜欢大海吗?海洋世界到底是什么样子呢?今天我们就一起去探索南海，制作一个小小的动画片《南海遨游》，把海底世界展示出来吧。

要怎么做呢?

今天的作品可以分为三个步骤来制作：

第一步： 创建作品，添加新角色	第二步： 潜水员变身	第三步： 让潜水员和小鱼朝不同方向移动

一、创建作品，添加新角色

（一）删除小猫

新建一个作品，长按舞台上的小猫或者左侧列表中的小猫，直到出现✖。点击它就可以删除小猫。

（二）添加潜水员和小鱼

【想一想】你还记得如何添加背景吗？请你为作品添加一幅海底背景。

点击左侧的➕，你可以看到所有的角色。选择小黄鱼，像添加背景那样把它添加到舞台上。

使用同样的方法添加潜水员。

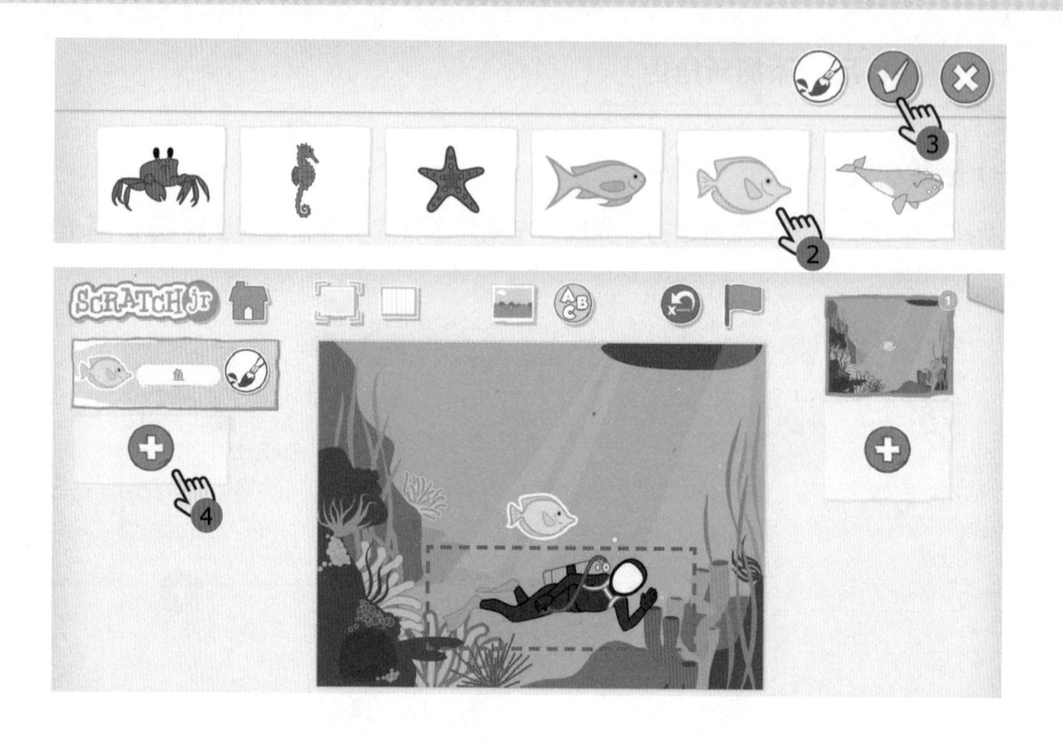

二、潜水员变身

1. 点击舞台左侧的潜水员，选中后黄色的框会把他圈起来 ，点击左侧的 ，现在来到了画板。

2. 点击右下角的 “相机”图标，再点击潜水员空白的脸，开始拍照。

3. 找好角度，点击 “拍照”按钮，现在你就变成了潜水员（如果拍得不满意可以再次拍照）。接着点击 把潜水员添加到舞台上了。

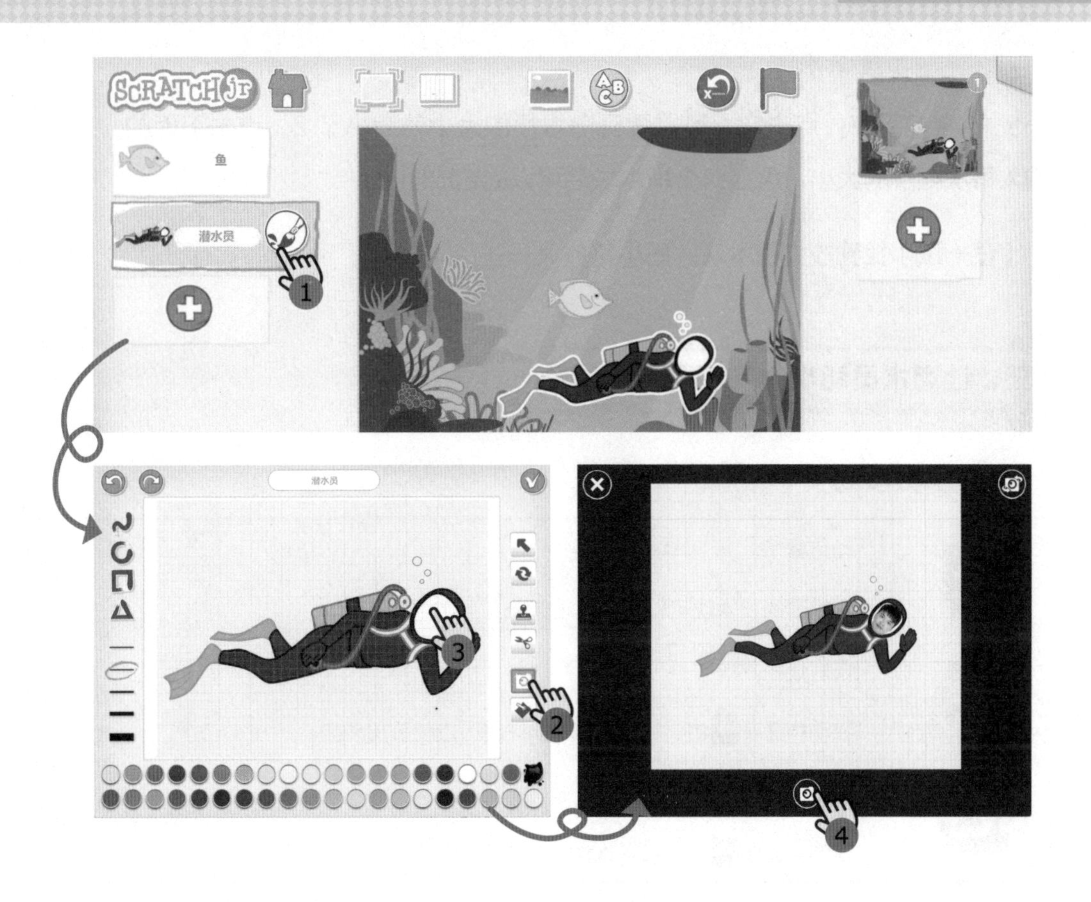

现在，你是不是觉得潜水员太大了呢？我们来把它缩小一些。

新知识

	外观盒子
	这里的积木块可以使角色外观发生改变
2	缩小积木块
	在外观盒子中，可以使角色缩小到指定的大小
2	放大积木块
	在外观盒子中，可以使角色放大到指定的大小

4. 选中潜水员 。

5. 将 拖下来，点击它，可以看到潜水员的大小就缩小了 2。点击下面的 ，可以输入每次缩小的大小。用完这个积木块后可以把它放回去。

【试一试】找到放大积木块，把小鱼放大一些。

三、让潜水员和小鱼向不同方向移动

（一）潜水员移动

	动作盒子
	它里面的积木块可以让角色动起来
	向右走积木块
	在动作盒子 中，可以使角色向右移动指定的步数
	无限循环积木块
	在结束盒子 中，使前面的积木块不停地重复运行

【试一试】你能说出这三个积木块的作用吗？

1. 选中潜水员 。

2. 将 拖下来，点击一下，发现潜水员向右走了一下。想让潜水员一直向前游该怎么办呢？

3. 找到结束盒子 中箭头首尾相连的积木块 ，它能够让角色一直做某件事。把它拼接在一起： 。怎么启动程序呢？点击 ，把 放在最前面。

【试一试】点击小绿旗 ，看一看潜水员可以一直游了吗？

（二）小鱼移动

现在，我们让小鱼也游动起来吧。

1. 选中小鱼 ，为它添加 。

2. 点击 可以让小鱼和潜水员都游动起来。点击 可以让程序停止。

恭喜你！完成了第二个作品《南海遨游》，快去和家人、朋友们分享它吧。

你学会了吗？

下面的积木块，哪一个能够让蝴蝶一直向上飞呢？

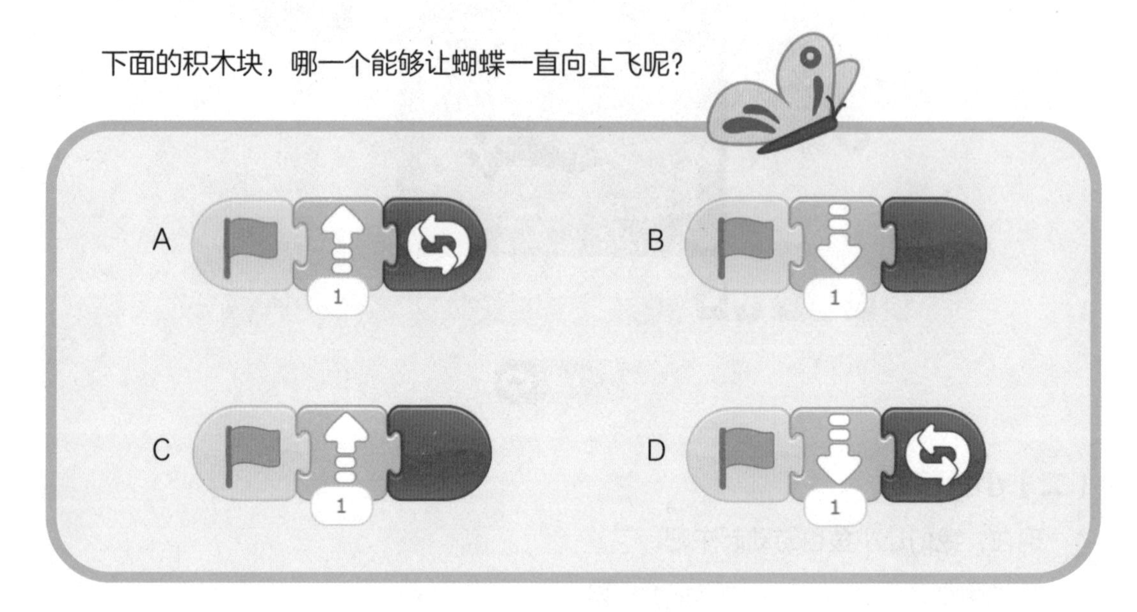

挑战一下吧！

任务 1：升级《南海遨游》

尝试为海底添加更多的小鱼或者其他生物，并且让它们朝不同的方向动起来。

任务 2：制作《两只螃蟹》

添加沙滩背景和两只螃蟹，让两只螃蟹能够在沙滩上向左右两个不同的方向循环移动。

我明白啦！

我国的南海风景秀丽，资源丰富，是我们的“聚宝盆”。

知识回顾

本节课我们了解的神秘广阔的南海，分为三部分完成了《南海遨游》作品。我们学习了：在一个页面添加多个角色；使用拍照功能让潜水员变身；将角色变大或变小的积木块；四个方向的积木块以及无限循环积木块。

使前面的积木块不停地重复运行。

使角色增大指定的大小。

使角色缩小指定的大小。

使角色向上移动指定的步数。

使角色向下移动指定的步数。

使角色向左移动指定的步数。

使角色向右移动指定的步数。

积木展示

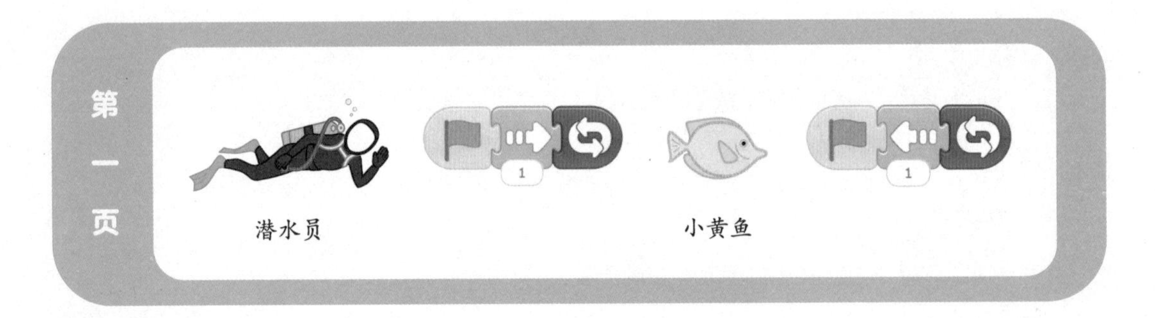

第三节　太阳哪去了

学习目标

1. 能够为角色设置不同速度；
2. 掌握背景与角色的绘制；
3. 能够插入积木块。

你知道吗？

在我国古代就有了月食和日食的记录，由于当时科学不发达，人们对这种现象感到困惑、恐惧，认为是怪物吃掉了它们。《周礼》记载：“救日月，则诏王鼓”。意思是当日食或者月食发生后，天子应该亲自击鼓来驱逐吞食日月的怪物。民间许多地区也流传着敲锣击鼓、燃放爆竹或者向天上射箭来赶跑怪物的习俗。

今天做什么？

日食究竟是怎样形成的呢？原来，月亮是围绕地球转动的，当月球运动到太阳和地球中间，月球就会挡住太阳射向地球的光，月球身后的黑影正好落到地球上，这时就会发生日食现象。

今天我们就来做一个简单的日食模型，把日食的故事讲给更多人听。

要怎么做呢?

今天的作品可以分为三个步骤来制作：

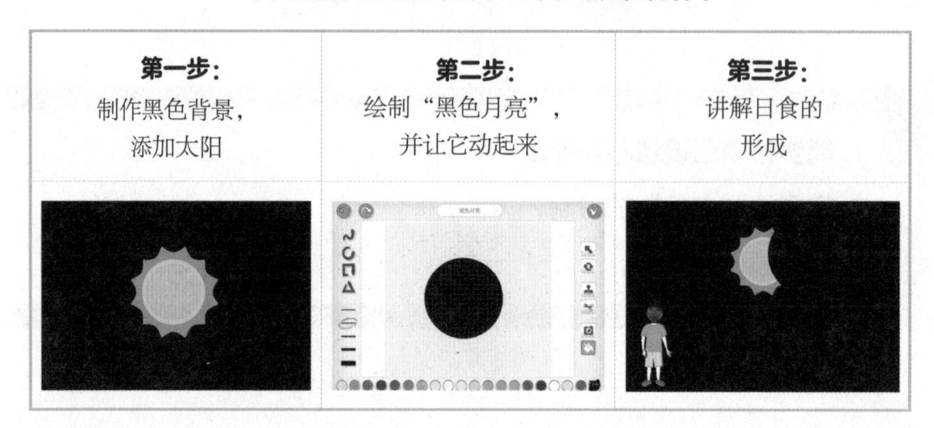

第一步： 制作黑色背景， 添加太阳	**第二步：** 绘制“黑色月亮”， 并让它动起来	**第三步：** 讲解日食的 形成

一、制作黑色背景，添加太阳

【想一想】你还记得如何创建作品吗?

(一)绘制黑色背景

1. 点击 添加背景，点击 画背景。

2. 点击黑色颜料，点击油漆桶，点击画板，画板就被全部涂黑了。

3. 点击把它添加到舞台上。

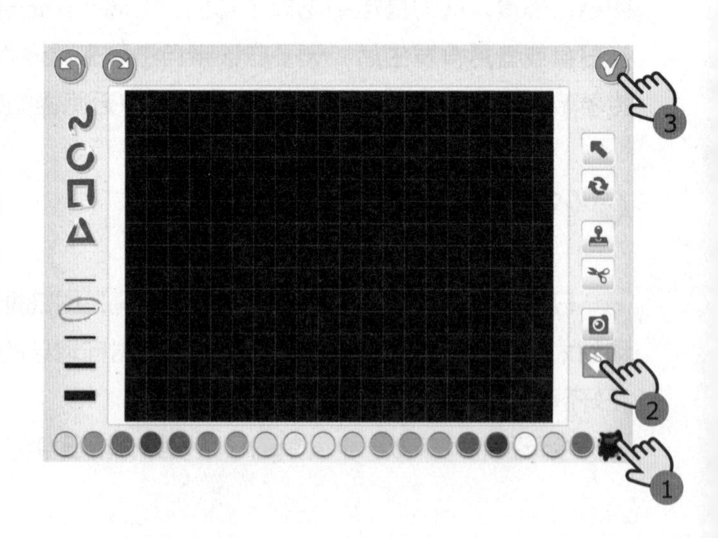

（二）添加太阳并放大

1. 长按舞台上的小猫，将它删除掉。

2. 点击左侧的 ⊕ ，找到太阳 ，添加到舞台上。

3. 找到 拖下来，把下面的 2 改为 5。

4. 点击积木块，使太阳的尺寸增大 5，随后把它放回去。

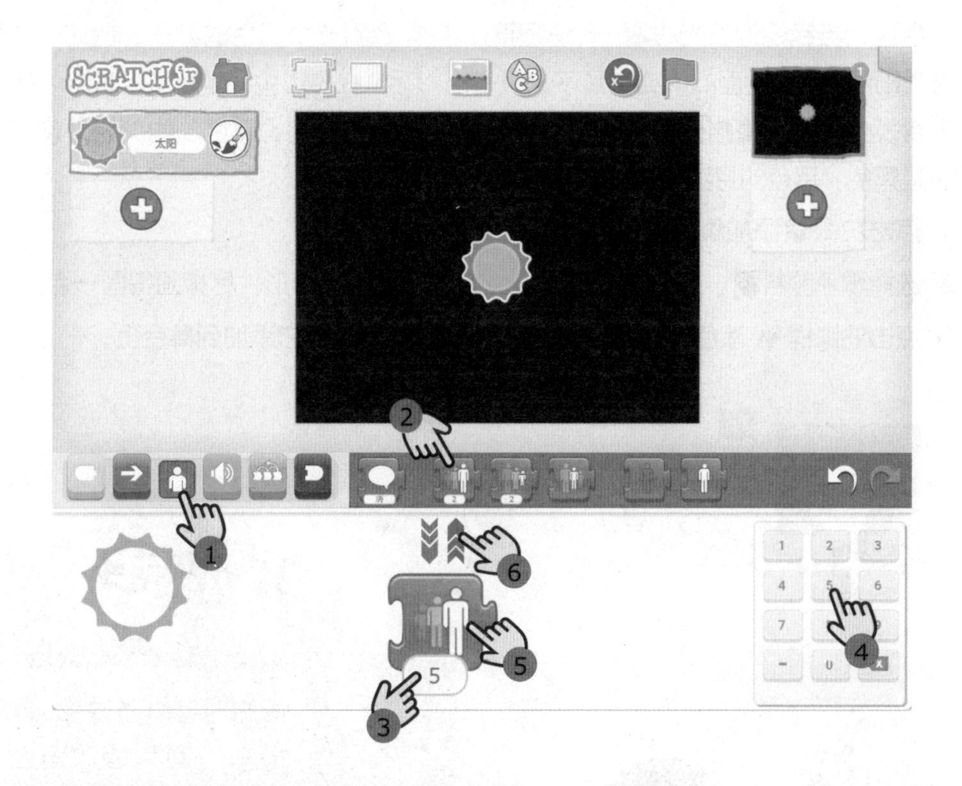

二、绘制“黑色月亮”并让它动起来

（一）绘制“黑色月亮”

【想一想】月亮是黄色的，为什么这里要绘制黑色月亮?

这是因为当我们迎着光去看一个东西时，只能看到一个黑色的影子。例如，夕阳下你迎着太阳看过去，前面的人或物是不是只有黑影呢？在摄影中，这种风格叫作“剪影”。

日食发生时，月亮挡住了阳光，所以我们看到的月亮是“黑色”的。另外作品的背景颜色是黑色，黑色的月亮也更容易与背景结合，效果更好。

1. 点击左侧添加角色，点击绘制角色。

2. 选择黑色颜料，点击圆形工具，在画板上画出圆形，尽量画得圆一点。

3. 点击油漆桶涂色，就画好了黑色月亮。点击把它添加到舞台上。

画错时可以通过撤销；可以修改角色名字；当画板不准确时可以使两个手指将画板缩小后再绘制。

（二）月亮动起来

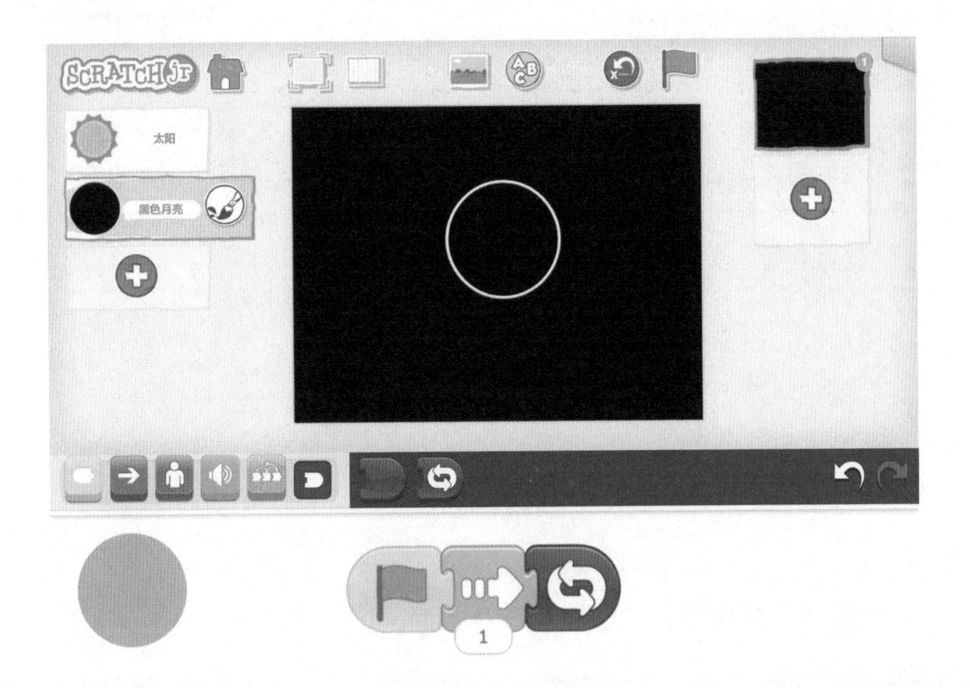

现在“黑色月亮”的大小可能与太阳的大小不一致，需要做一些调整。

1. 确定你选中的是 。
2. 找到 ，使用 或 调整“黑色月亮”的大小，使它能够覆盖太阳。
3. 为它添加积木块：

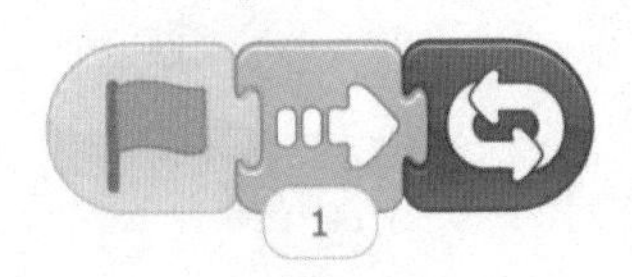

【试一试】点击 运行程序，你会发现可以看到日食了，只是这个过程有点快。怎么才能让月亮慢一点呢？

（三）月亮慢下来

新知识

	控制盒子
	里面的积木块能更好地控制程序运行
	设定速度积木块
	在控制盒子中，能够改变角色移动时的速度

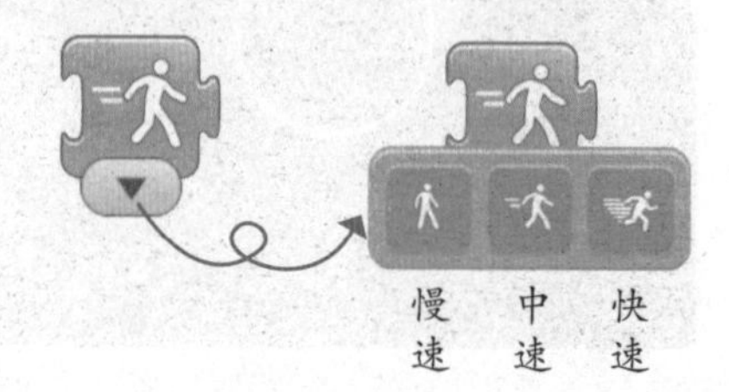

【想一想】生活中有哪些物品可以设定速度？

1. 找到控制盒子，将拖下来。
2. 点击选择慢速，将插入到后面。

小贴士

没有设定速度时，默认速度为中速。

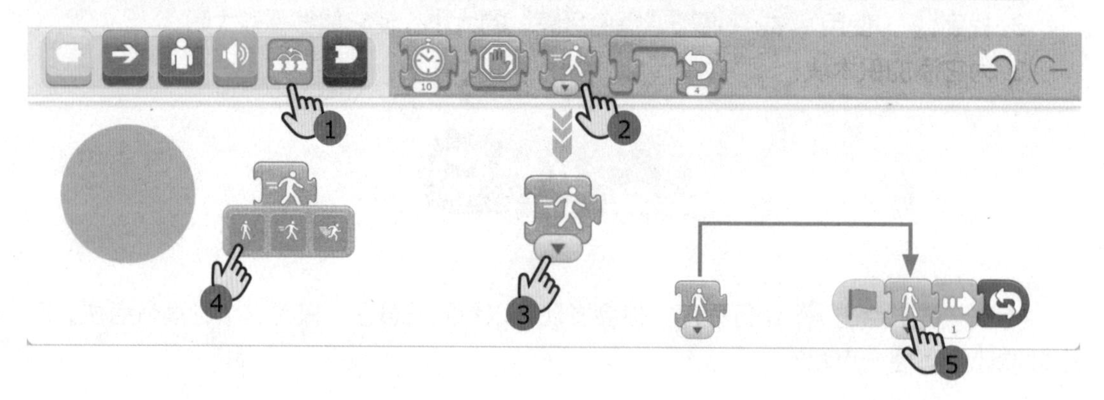

三、讲解日食的形成

日食模型已经做好了，现在我们来把它讲给所有人听吧。

1. 添加一个人物，你可以让它变身成你自己。

2. 为它添加积木块：

3. 语音部分你可以说：“月亮是围绕地球转动的，当月球运动到太阳和地球中间，月球就会挡住太阳射向地球的光，月球身后的黑影正好落到地球上，这时发生日食现象。”

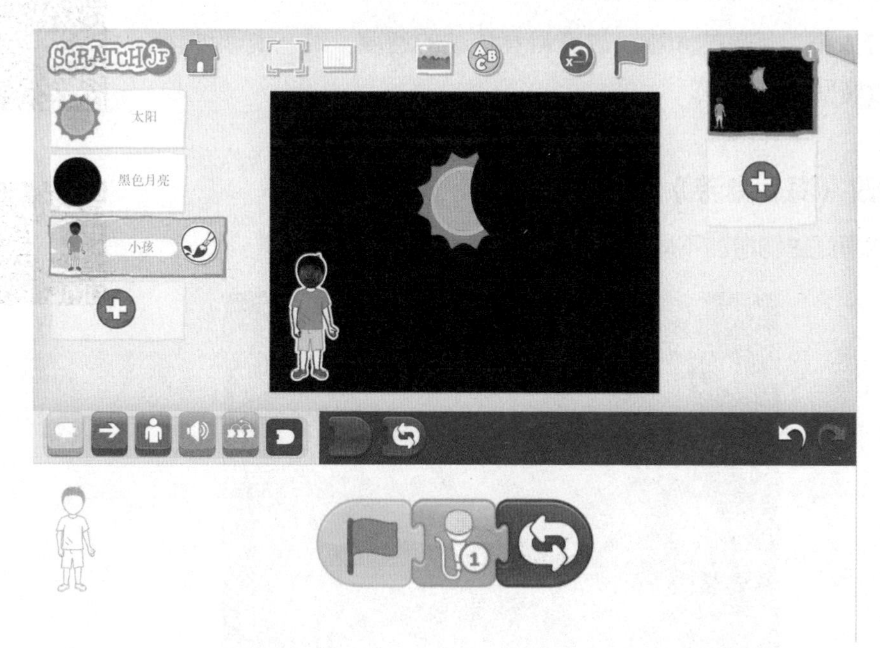

恭喜你！完成了第三个作品《太阳哪去了》，快来和家人们展示一下你的作品吧。

你学会了吗？

没有设定速度时，默认的速度是下列选项中的哪一个？

A 

B 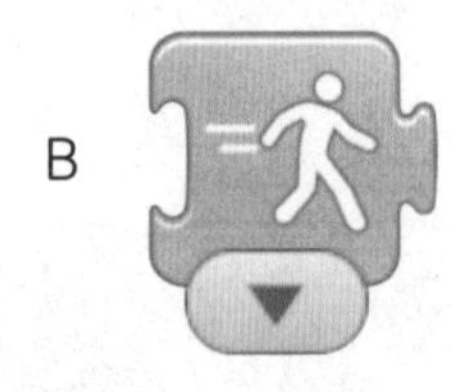

C 

挑战一下吧！

任务 1：修改《太阳哪去了》动画

尝试改变太阳、月亮的大小，改变月亮移动的速度，说一说哪种状态下你的日食模型会更完美。

任务 2：修改《海底遨游》动画

为不同的海底生物增加不同的速度。

我明白啦！

天上并没有怪物，天狗食月、蟾蜍吞日等神话故事的背后其实是神奇的天文现象。生活中我们需要保持一颗好奇心，探索事物背后的真理。

知识回顾

本节课我们了解到日食的形成，分为三部分完成了《太阳哪去了》作品。我们学习了：绘制背景、绘制圆形、设定角色速度、插入积木块。

设定角色的速度，默认中速。

积木展示

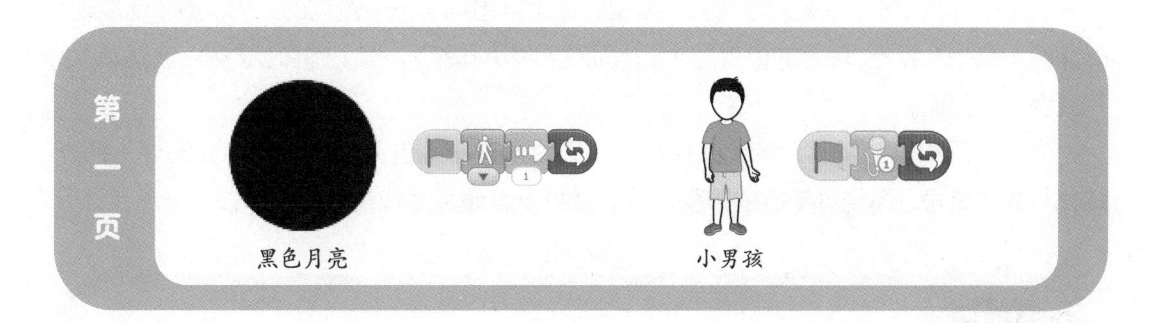

第四节　家庭相册

学习目标

1. 能够为作品添加照片背景；
2. 能够为作品添加多个页面；
3. 掌握切换页面的方法与切换页面积木块的使用。

你知道吗?

当你用照相机拍照的时候，有没有想过为什么这个小东西能够拍出照片?

早在两千多年前，墨子就发现了一个神奇的现象：有一间黑暗的小屋，在朝阳的墙上开一个小孔，人站在屋外对着小孔，屋里的墙上就出现了一个倒立的人影。墨子还发现，外面的人离小孔越近，墙上的像就越大，外面的人离小孔越远，墙上的像就越小。这就是“小孔成像”的原理。

当你用照相机拍照时，镜头就是小孔，景物通过小孔进入手机，“感光元件”把光转化为数字信号，再经过手机的精密计算，就把一张照片呈现在你面前了。

了解更多关于“小孔成像”的实验。

今天做什么?

你喜欢拍照吗?你的拍照技术怎么样呢?今天我们就来学习用 ScratchJr 拍摄照片,并且为家人制作一个电子相册!

要怎么做呢?

今天的作品可以分为三个步骤来制作:

一、制作第一个家人的相册

(一)制作照片背景

我们不仅可以在背景库中选择背景、画出背景,还可以使用照片作为背景,请你选择一位家庭成员,爸爸、妈妈、爷爷、奶奶等家庭成员都是可以的(这里以妈妈为例),准备好给他(她)拍照。

1. 点击添加背景，点击画笔。
2. 点击拍照按钮，点击画板。找好角度，点击拍照按钮，为妈妈拍照。
3. 点击对号，现在舞台背景就变成了妈妈的照片。

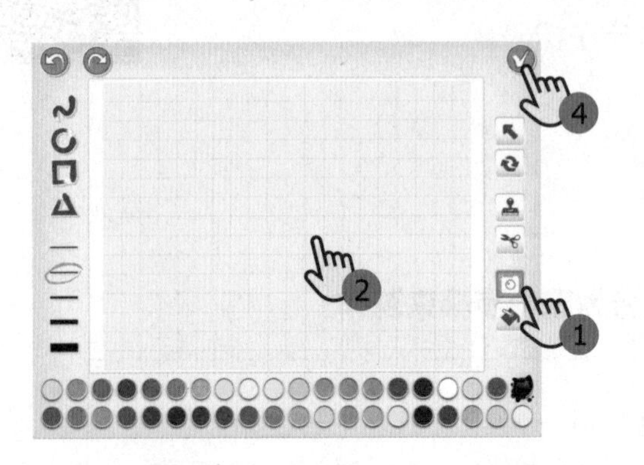

（二）介绍妈妈

1. 长按小猫删除，添加角色，使用它并添加积木块：

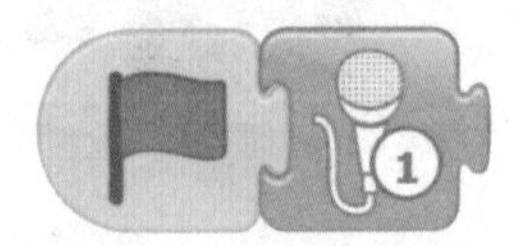

2. 语音你可以介绍：这是我的妈妈，她喜欢（什么食物 / 什么运动）。

二、制作多个家人的相册

制作多个家人的相册需要多个页面。什么是页面？就像我们的书，是一页一页的，每一页都有不同的内容。

1. 点击右边加号 ⊕ ，可以看到右边有两个页面，右上角有页码。

2. 黄色框圈起来的就是你现在所在的页面 。

3. 页面也可以上下拖动调整顺序。

【试一试】来回切换两张页面（先点击第一张，再点击第二张），或将第二张页面拖放到第一张页面前。

现在，你可以像制作第一张页面那样，来制作其他家庭成员的相册。

最多只能存在四个页面，长按页面可以删除。

三、设置相册自动播放

现在点击小绿旗的时候，只能播放一个家庭成员的介绍，可以通过下方的按钮 ⬅ ➡ 切换上下页面。那怎么能够自动播放全部相册呢？

	切换页面积木块
	在结束盒子中，放在程序结尾，右上角带有页码，能够切换到指定的页面

1. 点击第一页。在结束盒子多了一些积木块。现在把切换第二页的积木块拼上去。

2. 点击第二页。把切换第三页的积木块拼上去。

3. 点击第三页。把切换第一页的积木块拼上去。

4. 现在，点击第一页，你可以点击小绿旗运行程序了，相册就能自动播放了，记得点击停止。

恭喜你！完成了第四个作品《家庭相册》，快和家人分享吧。

切换页面后，带有小绿旗的程序会自动运行，所以我们的相册才能自动播放哦。

你学会了吗?

一个作品最多有几个页面?

A 两个　　B 三个　　C 四个

挑战一下吧!

任务 1：升级《家庭相册》

跟一位家庭成员聊天，让他（她）讲述一件自己的小故事，将这个故事添加到这位家庭成员的介绍中。

任务 2：制作《家庭美食集》

在你的家里，谁负责做饭呢？快使用我们今天所学的知识，为他（她）做的美食制作一个美食相册吧。

我明白啦!

每一个家庭成员都在为美好的生活奋斗，作为家庭的一分子，我们也要用自己所学的知识为家庭做一些力所能及的事。

知识回顾

本节课我们了解了小孔成像的原理，分为三部分完成了《家庭相册》作品！我们学习了：添加照片背景、添加多个页面、切换页面、添加文字等内容。

切换到指定的页面。

积木展示

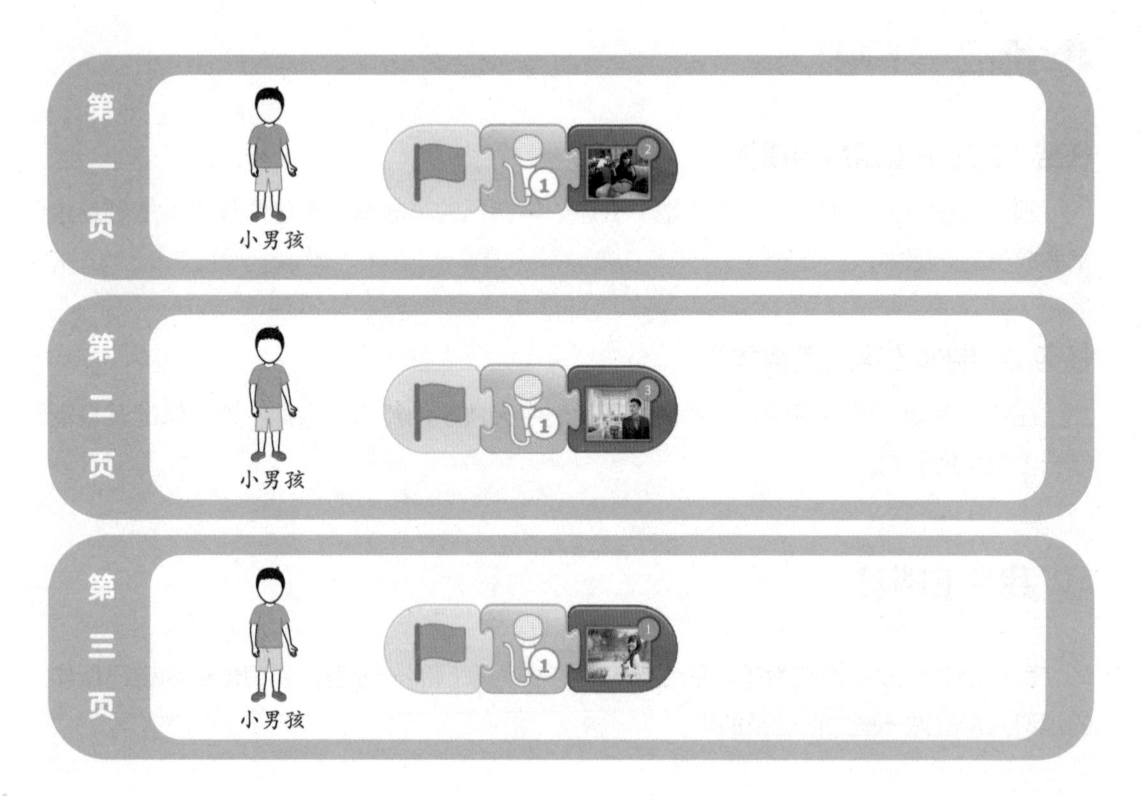

第五节　小小答题器

学习目标

1. 掌握点击开始积木块的使用；
2. 能够为作品添加文字。

你知道吗？

传说唐代诗人李白小时候不喜欢念书，非常贪玩。有一次，他在小溪旁看到一位老婆婆正在磨铁杵，李白感到奇怪便问她在做什么，老婆婆回答：“我想要做针。”李白问道：“铁杵这么粗，什么时候才能磨成针呢？能行吗？”老婆婆答道：“滴水可以穿石，愚公可以移山，只要我下的功夫比别人深，没有做不到的事情。”李白听后很惭愧，回去之后再再也不贪玩了，他每天努力学习，最终成为了著名的诗人。

今天做什么？

你学习过李白的诗吗？想不想和小伙伴们 PK 一下诗词知识呢？今天我们就来制作一款《小小答题器》，用它出题考一考你的小伙伴吧。

要怎么做呢？

今天的作品可以分为三个步骤来制作：

第一步： 制作题目页面	**第二步：** 制作对、错页面	**第三步：** 设置通过按钮答题
小时不识月， 呼作白玉盘。	回答正确！	小时不识月， 呼作白玉盘。

一、制作题目页面

（一）制作背景

添加背景，点击画笔，选择你喜欢的颜色，点击油漆桶涂满背景。

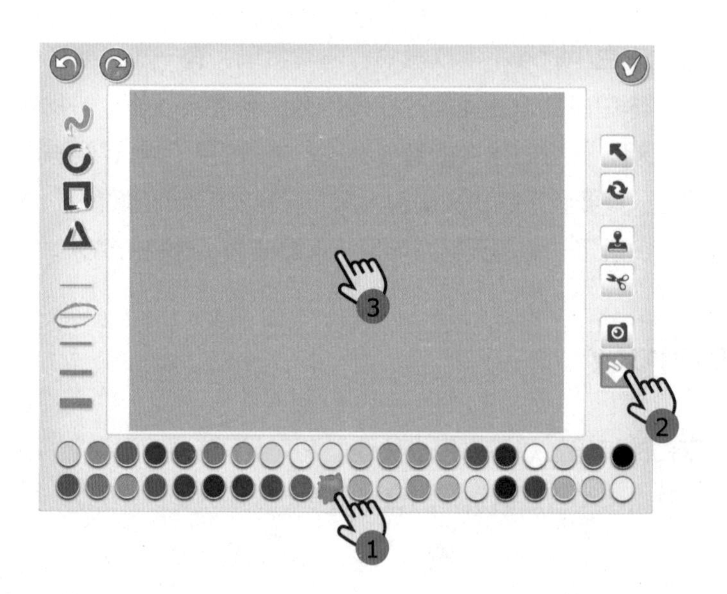

（二）设置题目

1. 点击 ，就可以输入文字。这里我们要输入的是李白的诗“小时不识月，呼作白玉盘。”

2. 点击左侧 ，修改字体大小（A越大，字号越大）。

3. 点击右侧 ，选择字体颜色。

设置完毕，点击任意空白区域就可以完成设置。拖动文字到舞台合适的地方即可。

点击输入的文字还可以修改。

二、制作对、错页面

1. 点击右侧加号添加两个新页面，删除角色，并分别添加文字：“回答错误”“回答正确”。再添加 新角色，使用画笔绘制角色。

2. 选择黄色 ，使用圆形工具 ，绘制圆形并涂成黄色。

3. 选择线条工具 ，使用粗线条，选择白色，绘制以下两个表情。

回答错误！　　回答正确！

三、设置通过按钮答题

（一）绘制按钮

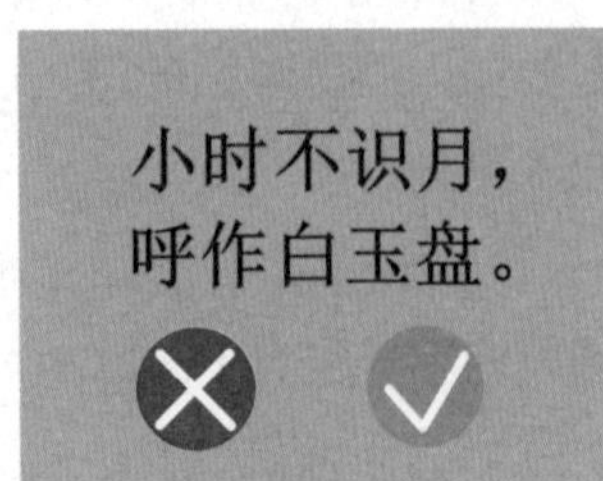

1. 返回页面 1，点击绘制角色。

2. 使用圆形工具、线条工具，绘制红色的错误按钮和绿色的正确按钮。将两个按钮放在页面 1 下面。

（二）为红色按钮添加积木块

	点击开始积木块
	在启动盒子中，放在最前面，当点击角色时启动后面的程序

这里的“小时不识月，呼作白玉盘”是正确的，所以应该点击绿色的正确按钮。如果有人点击红色的错误按钮时就是回答错误，要转到“回答错误”的页面。

这里应该添加积木块：

（三）为绿色按钮添加积木块

回答正确要跳转到“回答正确”的页面。

这里应该添加积木块：

恭喜你！完成了第五个作品《小小答题器》，快去出题考考家人或者小伙伴吧。

玩家回答正确或错误要根据问题来确定，绿色的正确按钮并不一定对应“回答正确”页面。

你学会了吗？

小明绘制了一个白色的长方形，并用拍照按钮拍摄了一道数学题，他应该为红色的错误按钮添加什么积木块呢？

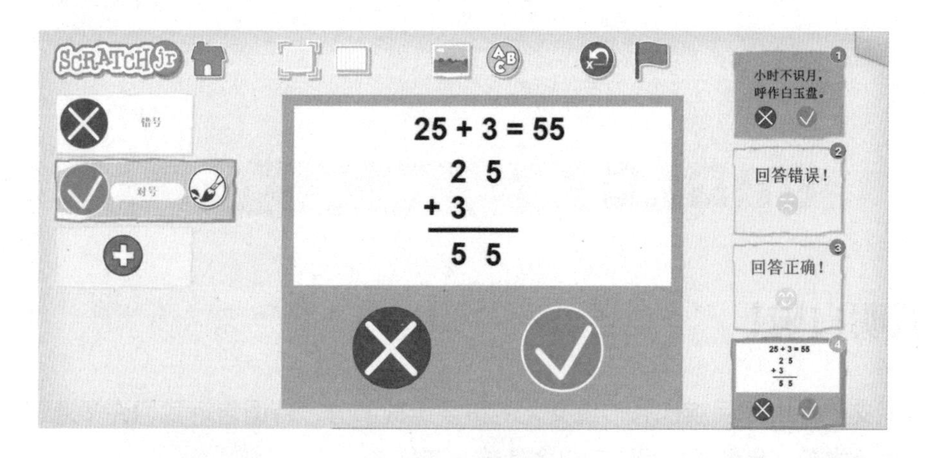

A 　B 　C 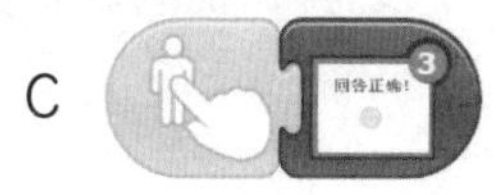

挑战一下吧！

任务 1：升级《小小答题器》

再添加一个页面，为小小答题器增加一道题目，丰富你的题库吧。

任务 2：制作《幸运砸金蛋》游戏

绘制金蛋，添加程序，实现当点击金蛋时跳转到奖励页面（可参照下图）。

我明白啦！

诗词文化是中华民族优秀传统文化的重要组成部分，诗词告诉我们许多道理，带我们领会生活之美，我们要热爱诗词，多读诗，读好诗。

知识回顾

本节课我们阅读了李白小时候上学的故事，分为三部分完成了《小小答题器》的制作。我们学习了：点击开始积木块，并且如何为页面添加文字。

点击角色时启动后面的程序。

积木展示

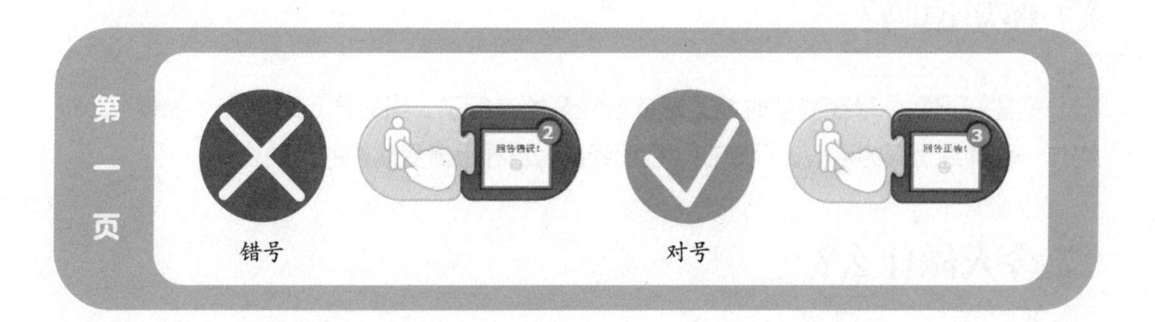

第六节 临门一脚

学习目标

1. 掌握碰到开始积木块的使用；
2. 了解重设角色功能。

你知道吗?

据史料记载，早在战国时期足球就已经开始流行了，当时把足球叫作“蹴鞠”，被当作一种训练士兵的手段。而现在，它已经成为世界上最受欢迎的运动之一。

今天做什么?

“临门一脚”指的是靠近球门的射门，也指在事情的紧要关头，起到决定性作用的关键步骤。

你喜欢足球吗？想不想也来体验一下临门一脚的畅快？今天我们就来制作一个踢足球的小游戏吧。

要怎么做呢?

今天的作品可以分为四个步骤来制作:

第一步: 设计游戏规则	**第二步:** 小男孩踢足球	**第三步:** 射门成功	**第四步:** 重新开始游戏

一、设计游戏规则

我们可以设计这样的规则:

当点击小男孩时，他向右走。

男孩碰到足球，足球向右移动。

足球碰到球门获得胜利。

胜利后可以重新开始。

二、小男孩踢足球

(一)添加背景和角色

首先做好制作游戏的准备工作。

1. 添加公园背景。

2. 添加小男孩、足球和球门角色。将小男孩放在画面左侧，足球放在小男孩脚旁、球门放在右侧。

（二）小男孩移动

为小男孩添加积木块：

点击小男孩就可以向右走一步。

（三）足球移动

<table>
<tr><td rowspan="2"></td><td>碰到开始积木块</td></tr>
<tr><td>在启动盒子中，放在最前面，当碰到其他角色时就会启动后面的程序</td></tr>
</table>

为足球添加积木块：

当小男孩碰到足球，足球就向右移动。

【试一试】点击小男孩，查看小男孩是否可以移动，足球被碰到后是否向前移动。

点击重设角色按钮，它能够停止程序，让所有角色回到原来在舞台上的位置。

三、射门成功

（一）绘制胜利页面

当射门成功时要显示胜利的画面，因此需要一个新页面。

1. 点击添加背景，点击画笔。
2. 先绘制黄色的背景，随后选择曲线、粗线条、红色绘制“Yes”字样。

（二）成功进球

为足球门添加积木块：

当足球碰到它时就显示胜利。

【试一试】点击小男孩踢球，查看足球碰到球门时是否出现 Yes。

四、重新开始游戏

当游戏结束后，怎么再次开始游戏？这里有两种方法。

一是先回到第一页，再点击 ，让所有角色回到原来在舞台上的位置。

二是制作一个返回按钮。在胜利页面添加一个足球角色，为它添加积木块：

当游戏结束后，点击它即可回到第一页重新开始游戏了。

恭喜你！ 完成了第六个作品《临门一脚》，快和家人分享吧。

你学会了吗？

把积木块和它对应的功能连起来。

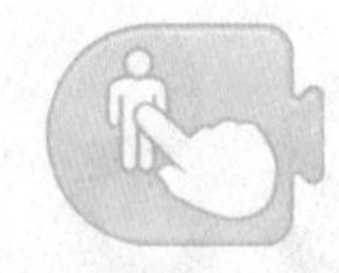

碰到另一个角色启动程序　　点击小绿旗启动程序　　点击角色启动程序

挑战一下吧！

任务 1：升级《临门一脚》

当小男孩踢足球时，让足球跑得快一些。

任务 2：制作《回家》小动画

点击小男孩，男孩向前移动。男孩碰到房子，显示卧室页面。

我明白啦！

想要完成“临门一脚”，就需要我们努力练习踢足球的技巧，这样才能提高球技，更能强健体魄。

知识回顾

本节课我们了解了足球这项古老而又充满活力的运动，分为四部分完成了《临门一脚》小游戏。我们学习了：碰到开始积木块、重设角色功能等内容。

碰到其他角色时启动程序。

积木展示

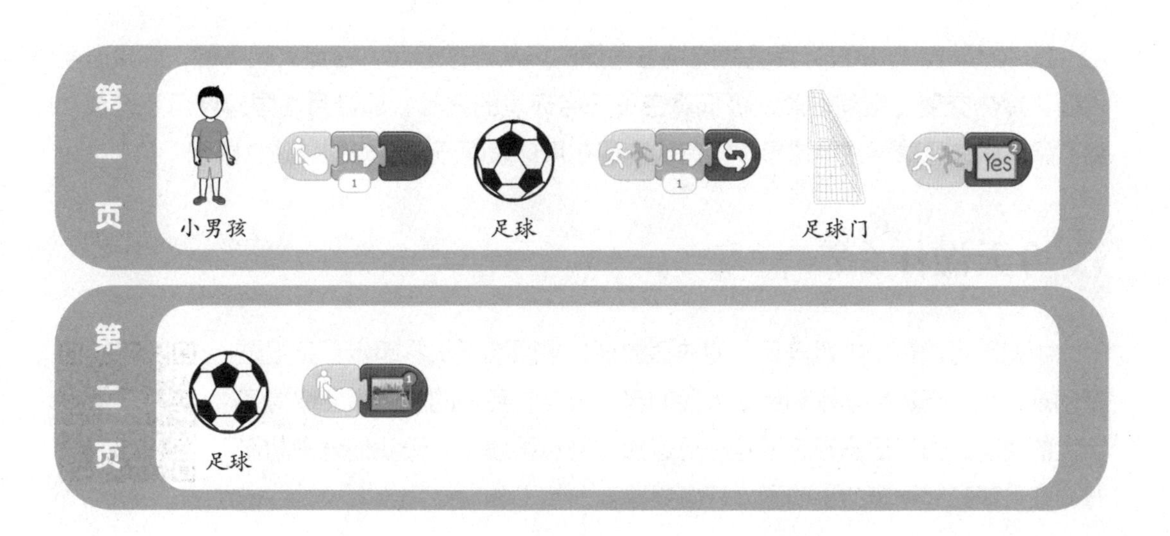

第七节　红旗飘飘

学习目标

1. 掌握发送消息和接收消息的使用；
2. 掌握说话积木块的使用；
3. 能够使用复制、拖动、旋转工具绘制图形；
4. 能够通过网络知道角色位置。

你知道吗？

2020 年 12 月 3 日，我国的嫦娥五号探测器从月球起飞。在点火起飞前，嫦娥五号克服了冷热交变、空间辐照、极低真空等恶劣环境的考验，通过月面国旗展示系统成功将五星红旗在月球展开。这是中国首次实现在月球表面五星红旗的“独立展示”。

今天做什么？

中国自古就有“嫦娥奔月”的神话故事，中国航天从零起步，克服重重困难，经过无数科学家和劳动人民的努力奋斗，我们的航天事业取得了巨大的成功。为了纪念嫦娥五号在月球独立展示国旗，今天我们就来制作一个在月球升起国旗的小动画《红旗飘飘》。

要怎么做呢?

今天的作品可以分为三个步骤来制作：

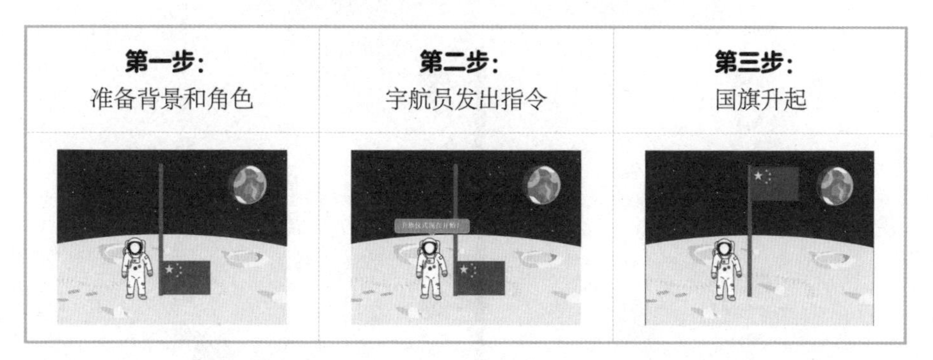

第一步：准备背景和角色	**第二步：**宇航员发出指令	**第三步：**国旗升起

一、准备背景和角色

（一）添加背景和角色

先为作品添加月球背景和宇航员角色，可以让宇航员变身为你自己，并将宇航员设置为合适的大小。

（二）绘制旗杆和红旗

1. 绘制旗杆使用矩形工具，选择灰色，从上到下绘制细长的长方形，涂成灰色。

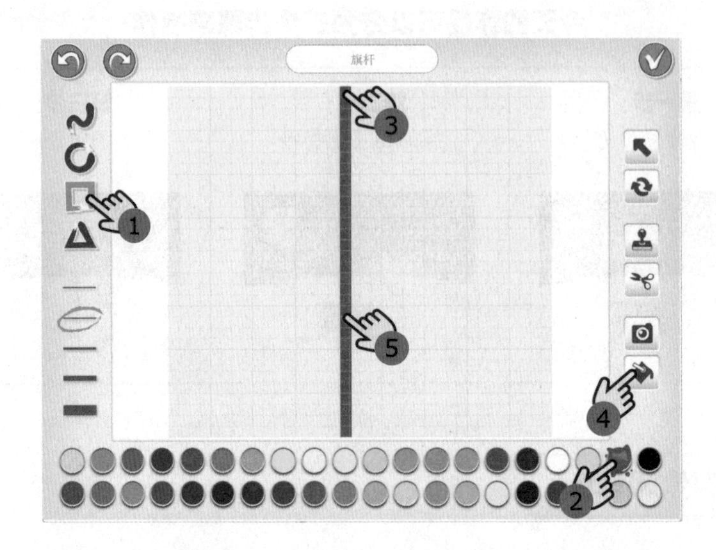

当画板不准确时可以使两个手指将画板缩小后再绘制。

2. 绘制国旗：

使用矩形工具，绘制红色的长方形。

使用线条工具，用黄色先绘制大五角星，再绘制小五角星。

使用拖动工具，把它们放在合适的位置。

使用复制工具，复制出三个小五角星，并放到合适的位置。

使用旋转工具，将五角星选择一定的角度即可。

拖动、复制、旋转工具的使用方法都是先点击按钮，再点击需要拖动、复制或旋转的图形。

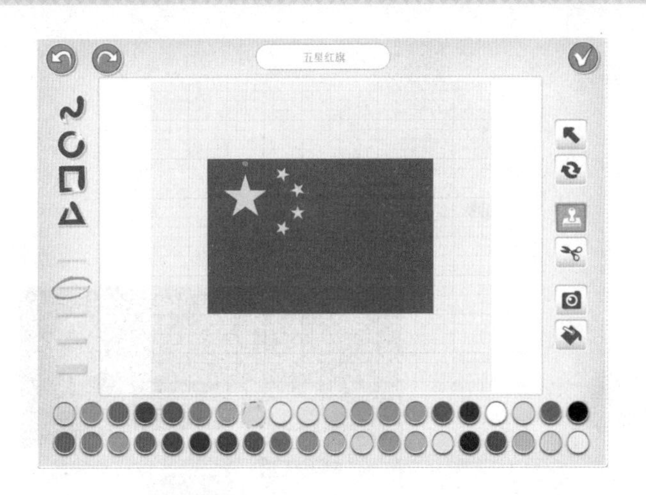

五星红旗是中国的象征和标志，无论何时何地我们都要爱护它。

（三）排列角色

将所有角色调整大小，放置到舞台合适的位置。

二、宇航员发出指令

	说话积木块
	在外观盒子中，能够在角色上方显示文字
	发送消息积木块
	在启动盒子中，在能够发送指定颜色的消息，共六种颜色

为宇航员添加积木块：

点击时，宇航员会说“准备好啦。”“升旗仪式现在开始。”随后发出一个橙色的消息。

三、国旗升起

新知识

	接收消息积木块
	在启动盒子中，接收到指定颜色的消息时启动程序

为国旗添加积木块：

当它收到宇航员发出的橙色消息就启动，慢慢地向上升 10 步，使国旗刚好到达旗杆顶端。

先发出消息再接收消息，且发出和接收的消息颜色要一致。

那么我们如何确定国旗升起的高度呢？

选中国旗，打开舞台上方的网格模式，可以看到舞台被分为 15 行，每行有 20 个小格子。每一个格子代表一步。蓝色的格子是红旗中心所在的位置。请你按照自己画的国旗数一数，它需要走多少格才能升到旗杆顶端呢？

数好之后请把向上移动 1 步修改为你指定的步数。

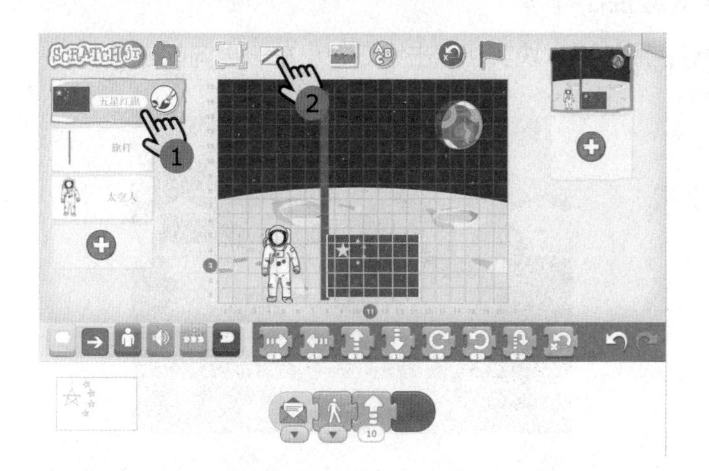

恭喜你！完成了第七个作品《红旗飘飘》，快向家人和朋友展示你的作品吧。

你学会了吗？

下面发送和接收消息配对正确的是？

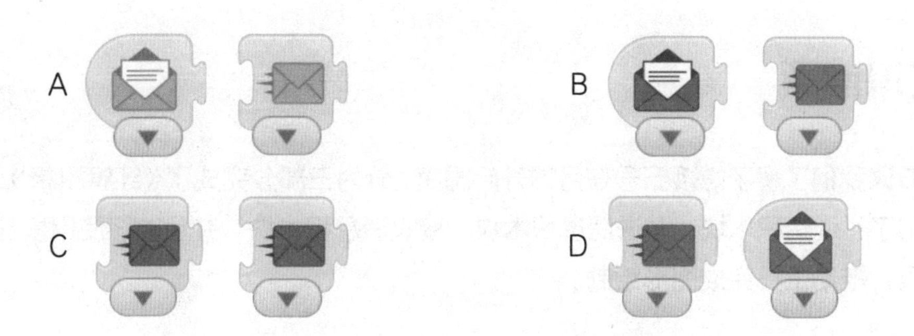

任务 1：升级《红旗飘飘》

为项目添加另一位宇航员，点击他的时候降下国旗。

任务 2：制作《遥控小车》

绘制绿灯，添加积木块实现点击绿灯，小车一直向前走 3 步。

我明白啦!

随着一代又一代爱国科学家们的努力，我们的航天事业从曾经的一穷二白到如今的世界领先水平的跨越。作为祖国的未来，我们要努力学习科学文化知识，为我们的“中国梦”“航天梦”做出贡献。

知识回顾

本节课我们了解了嫦娥五号在月球升起国旗，分为三部分完成了《红旗飘飘》小动画。我们学习了：说话积木块、发送消息积木块、接收消息积木块，并且能够使用复制工具、旋转工具、拖动工具完成图形绘制。

点击角色时启动程序。

发送指定颜色的消息。

接收到指定颜色的消息时启动程序。

积木展示

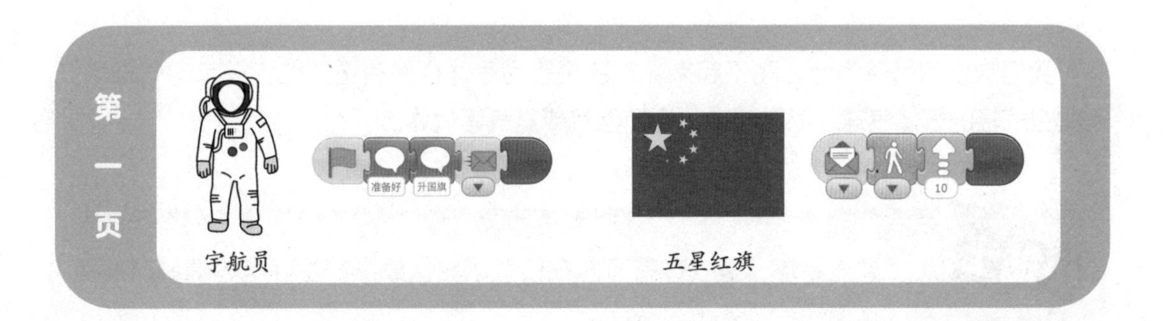

第八节 打气球

学习目标

1. 掌握回家积木块的使用；
2. 掌握隐藏积木块的使用。

你知道吗?

我们吹出的气球为什么飞不起来呢？这是因为气体也是有重量的，只有向气球中充入比空气轻的气体气球才能飞起来，例如氢气或氦气等气体。

氢气易燃，氢气球有可能在接触明火、摩擦产生静电等情况时发生爆炸。

今天做什么?

你喜欢玩气球吗？今天我们就来制作一个打气球的小游戏吧。绘制自己喜欢的气球，给它“充气”并放飞它。

要怎么做呢?

今天的作品可以分为三个步骤来制作:

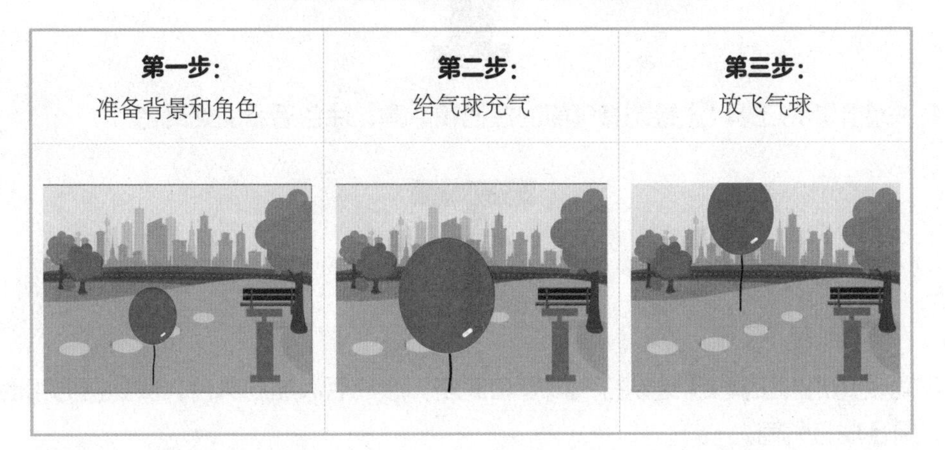

一、准备背景和角色

(一)绘制气球

选择喜欢的颜色，使用圆形工具和线条工具绘制气球。

(二)绘制打气筒

为了能够实现“打气”的效果，我们需要分为两部分来绘制打气筒。

1. 先使用矩形工具 绘制打气筒的握把和活塞，涂色后添加到舞台。

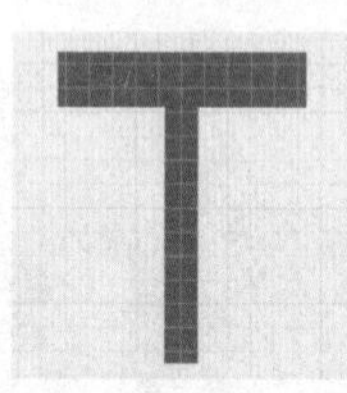

2. 再使用矩形工具 绘制打气筒壁和底座，涂色后添加到舞台，放到握把和活塞的上方，组合成打气筒。

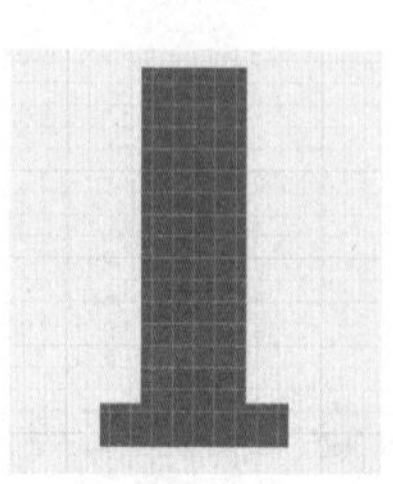

（三）调整位置

添加公园背景，将气球和打气筒放到合适的位置。

二、给气球充气

怎么给气球充气呢？在生活中，打气筒在打气时需要先向上提吸入空气，再向下充气。

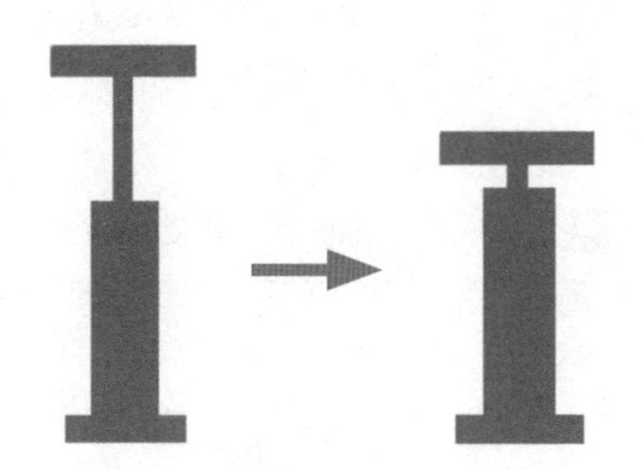

1. 为握把添加积木块：

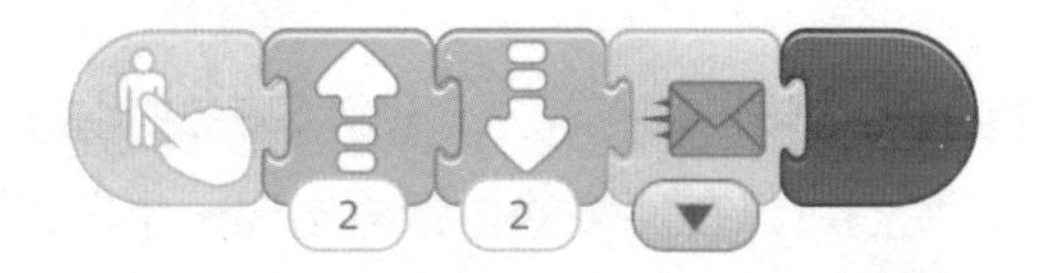

点击握把时，先向上，再向下，出现打气的动作，随后发送橙色消息。

2. 为气球添加积木块：

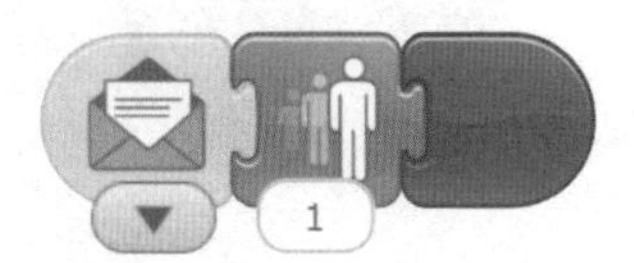

气球收到消息，就变大 1，这样就实现了打气的效果。

【试一试】现在试一试用打气筒给气球充气吧。

三、放飞气球

你的气球越来越大了，想让气球飞到天上吗？

	隐藏积木块 在外观盒子中，能让角色渐渐地消失不见
	回家积木块 在动作盒子中，能让角色回到原来的位置

1. 为气球添加积木块：

点击气球，气球就向上飞 7 步，隐藏起来，也就是气球飞走消失不见了。

2. 为了能继续游戏，我们可以在原来的位置再出现一个气球。这时可以使用回家积木块，让刚刚的气球再回到这个位置。

在上面的程序结尾补充积木块：

在舞台上方小绿旗的旁边有一个和回家积木块很相似的按钮，它可以让程序停止并且让舞台上所有角色都回到原来的位置。

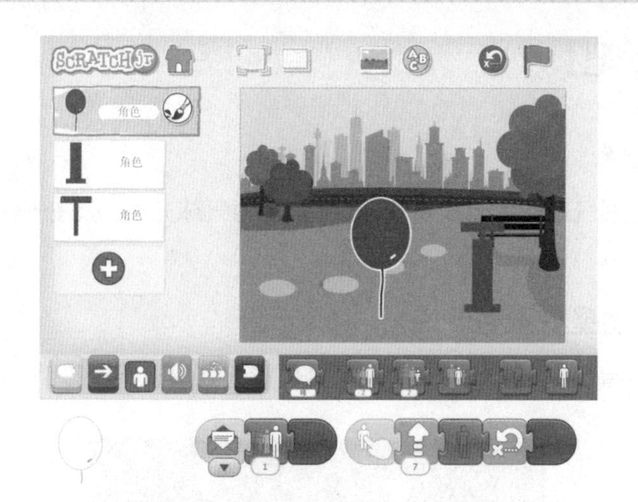

恭喜你！完成了第八个作品《打气球》，快向家人展示你的作品吧。

你学会了吗?

为下面的积木块排序，实现足球进门后回到原来的位置。

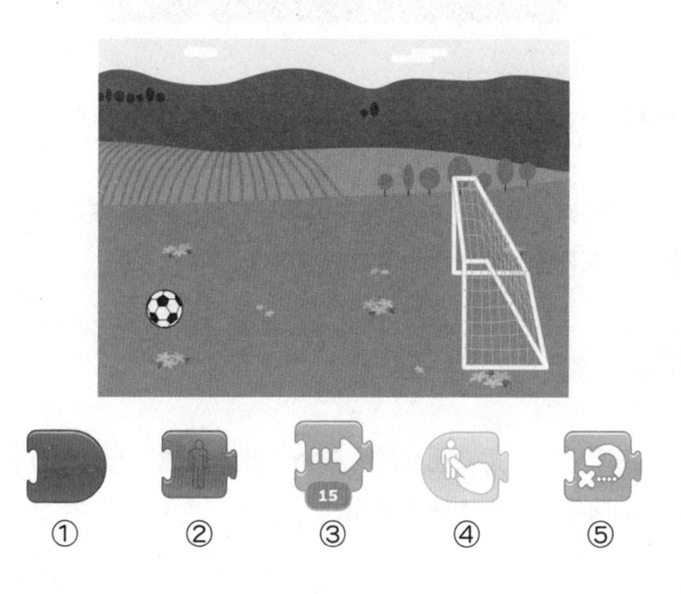

①　②　③　④　⑤

挑战一下吧！

任务 1：绘制气球

尝试绘制爱心形气球或者五角星气球，并实现为气球充气，放飞气球。

任务 2：制作《摘星星》

点击星星，星星会从天上掉下来，原来的位置还会出现星星。

我明白啦！

学习知识就像打气球一样，打的气越来越多，它就变得越来越大，我们学到的知识越来越多，也会变得越来越聪明。

知识回顾

本节课我们知道了空气也是有重量的，分为三部分完成了《打气球》小游戏的制作。我们学习了隐藏积木块与回家积木块的使用。

能让角色渐渐地消失不见。

能让角色回到原来的位置。

积木展示

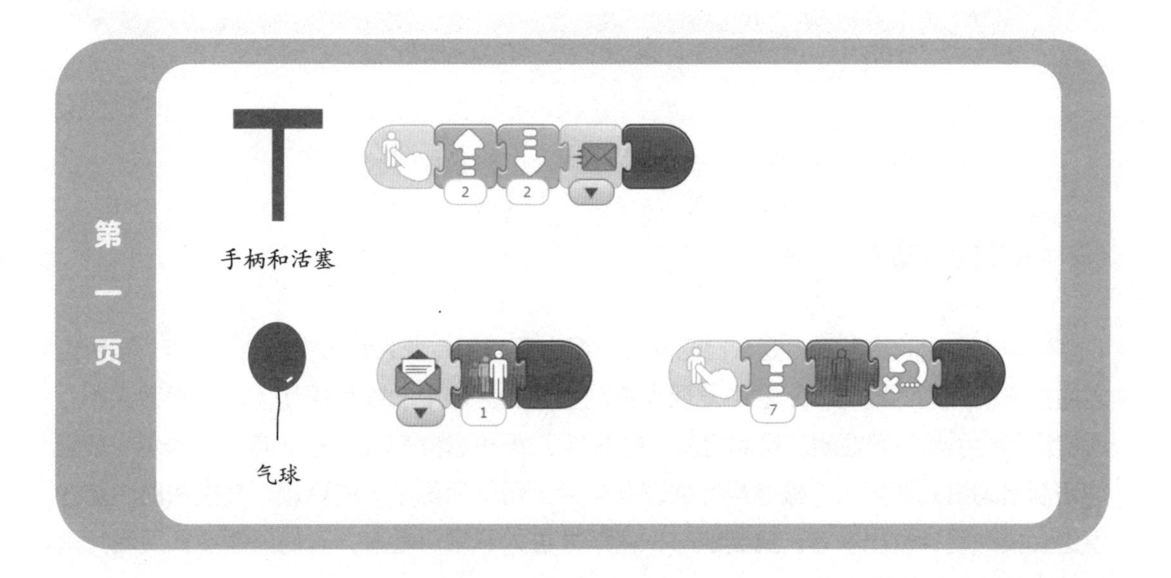

第九节　虚拟留声机

学习目标

1. 掌握旋转积木块的使用；
2. 掌握停止积木块的使用；
3. 理解什么是“并行”；
4. 能够通过图形叠加组合完成绘图。

你知道吗?

以前人们想欣赏音乐，要么自己演奏，要么买票听专业人士演奏。1877 年，发明家爱迪生在研究送话器时，无意中发现声音能引起送话器中的膜片振动，说话声音大小、速度快慢会引起不同振动。受此启发，他发明了第一代留声机。1887 年，埃米尔·玻里纳研制出圆盘式留声机，根据声音强弱在唱片上留下深浅不一的痕迹，在播放时，这些痕迹会拨动唱针发出声音。直到这时，音乐才进入寻常百姓家，人们只需要购买唱片就能听到各种各样的音乐了。

今天做什么?

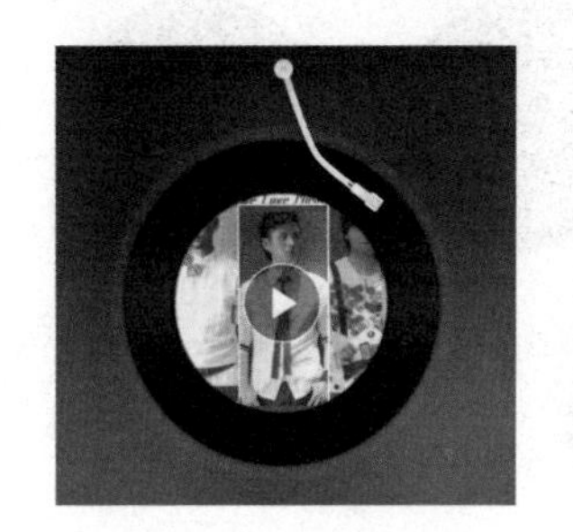

虽然留声机的时代已经过去了，但是今天我们仍会在各种音乐播放器软件上见到它的身影。今天我们就仿照音乐播放器上的动画，制作一个虚拟的留声机吧。

要怎么做呢?

今天的作品可以分为三个步骤来制作：

第一步： 绘制唱片和唱针 	**第二步：** 动画开始，播放声音 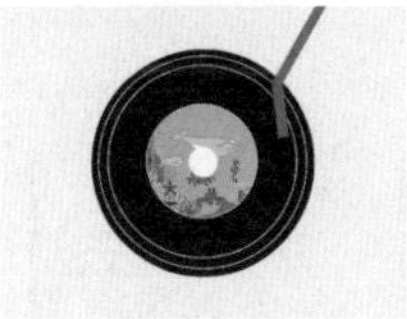	**第三步：** 声音播完，动画结束 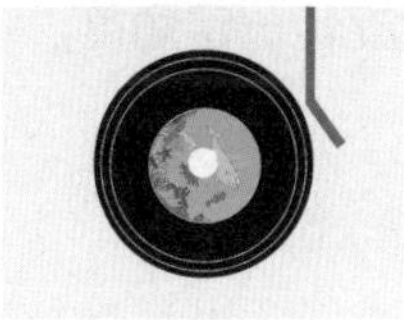

一、绘制唱片和唱针

1. 创建白色背景

绘制背景，直接使用油漆桶涂成白色，添加到舞台。

2. 绘制唱片

我们可以通过 5 个圆形叠加起来绘制唱片。从大到小画圆形，白色轮廓，涂成黑色，最中间的小圆涂成白色。

随后点击拍照按钮，再点击中间最小的黑色圆，拍一张。

3. 绘制唱针

绘制唱针可以使用矩形工具，先绘制一长一短两个长方形，随后使用旋转工具将短的长方形旋转一定角度。

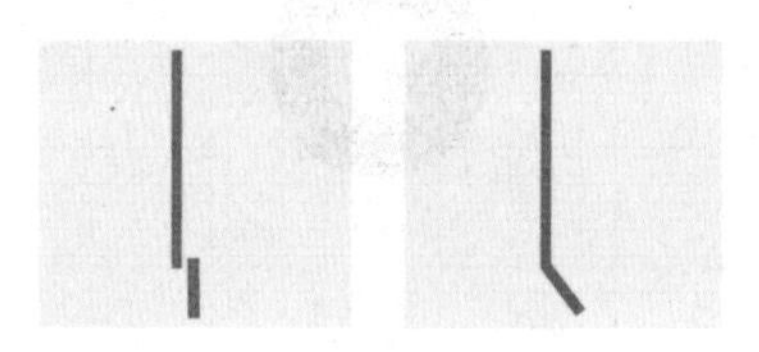

4. 排列角色

将所有角色调整大小，如下图放置到舞台合适的位置。

二、动画开始，播放声音

我们要制作将唱针放置在唱片上时，唱片旋转，播放声音。

	向右转积木块
	在动作盒子 ➡ 中，能将角色向右旋转指定的角度。数字为 1～12，像时钟上的时针一样，12 表示转一圈

1. 为唱针添加积木块

点击小绿旗，唱针转动到唱片上，发送橙色消息。

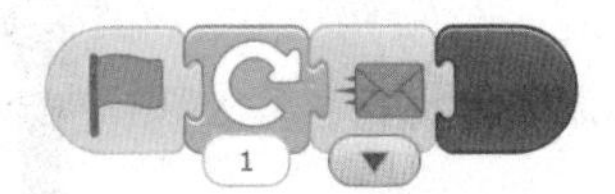

2. 为唱片添加录音

通过录音功能录制一段声音，可以是你自己的歌声也可以录制音乐。

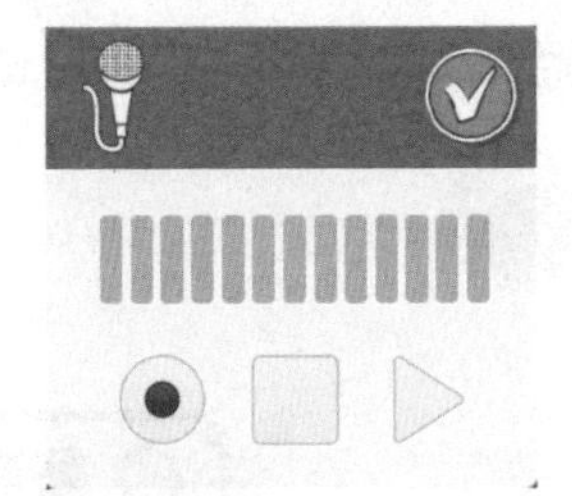

让角色同时做两件或两件以上的事情叫作“并行”。这就像你能一边唱歌一边跳舞一样。

3. 为唱片添加积木块

唱片收到消息不停地旋转，同时收到消息也要播放声音。这里需要为唱片添加两组积木块。

【试一试】点击小绿旗，你的留声机能边播放声音边旋转吗？你还发现了什么问题？

三、声音播完，动画结束

刚刚的作品中，声音播放完后唱片仍在旋转。现在我们要制作当声音播放完毕，动画结束的效果。

新知识

	停止积木块
	在控制盒子中，停止执行所有角色上的程序

停止积木块就像交警的手势。

1. 修改唱片积木块

在声音后添加插入积木块，当声音播放完后，停止一切动作并发送红色消息。

2. 为唱针添加积木块

新知识

	向左转积木块
	在动作盒子中，能将角色向左旋转指定的角度。数字为 1 ~12，像时钟上的时针一样，12 表示转一圈。

当唱针收到红色消息后，转动回来。

【试一试】点击小绿旗，声音播放完后唱片停止转动了吗？

恭喜你！完成了第九个作品《虚拟留声机》，快向家人展示你的作品吧。

你学会了吗？

小猪喜欢在泥潭里，一边唱歌，一边打滚。观察小猪的两段程序，从下列 8 个积木块中圈出小猪缺少的积木块。

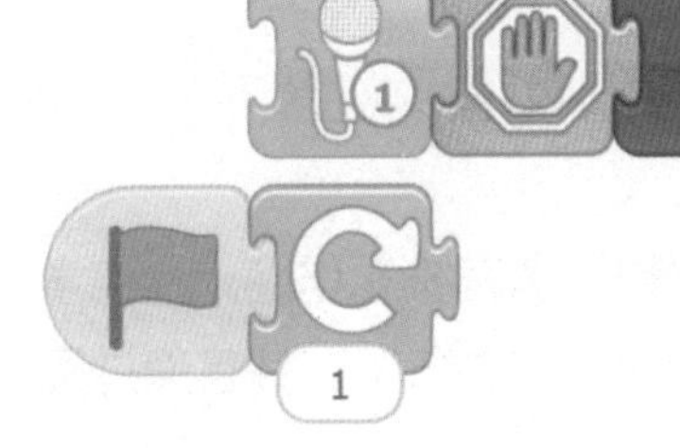

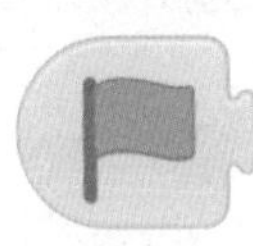

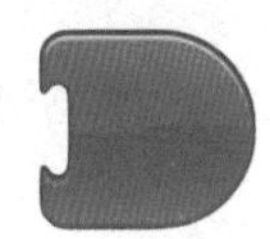

挑战一下吧！

任务 1：添加不同的歌声或音乐

使用录音功能，录制你不同的歌声，并通过留声机小动画播放出来。

任务 2：制作盒式磁带

了解盒式磁带是什么样的，它是怎么运行的，完成任务。

提示：使用黑色长方形为背景，可使用两个唱片和两条黑线组成盒式磁带；点击小绿旗时，磁带旋转，播放声音，声音播完，结束旋转。

我明白啦！

很多发明都来自对生活的观察，我们要注意观察生活中的点点滴滴，发现其中的奥秘或规律，做一个细心的人，用所学的知识改变世界。

知识回顾

本节课我们了解了留声机的发明，分为三部分完成了《虚拟留声机》作品。我们学习了向右和向左旋转积木块与停止积木块的使用，知道了什么是“并行”，并且通过图形的叠加组合完成了唱片和唱针的绘制。

将角色向右旋转指定的角度。

将角色向左旋转指定的角度。

停止执行所有角色上的程序。

积木展示

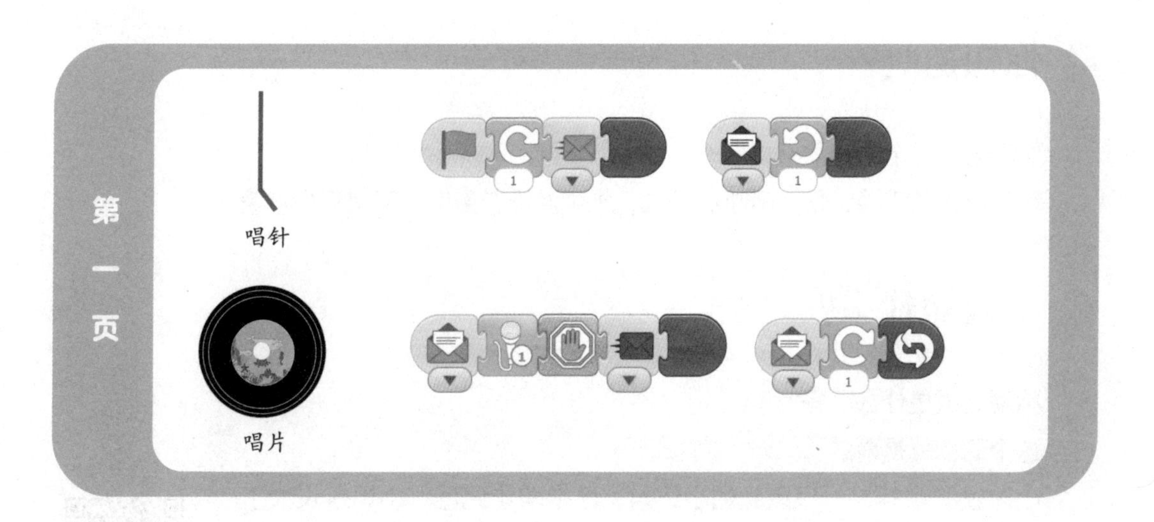

第十节　小跳蛙

学习目标

1. 掌握跳跃积木块的使用；
2. 理解并熟练使用“并行”；
3. 掌握三角形工具的使用。

你知道吗?

猜谜语（一个动物）：

小时身体黑漆漆，长大呱呱穿绿衣。水中游泳它最棒，田里捉虫它第一！

今天做什么?

猜到谜语是什么了吗?

这个动物就是青蛙。

小时候的青蛙是一只黑黑的小蝌蚪，还拖着小尾巴。小蝌蚪长大了就变成了身穿绿衣的青蛙了。它们有时候呱呱地叫着，在水中欢快地游泳。有时候又变成了农田卫士，消灭庄稼上的害虫。

今天我们的任务是制作一款小游戏，帮助青蛙卫士抓住害虫！

要怎么做呢？

今天的作品可以分为四个步骤来制作：

第一步： 设计游戏规则	**第二步：** 设置苍蝇飞行	**第三步：** 设置青蛙跳跃	**第四步：** 苍蝇被青蛙吃掉
			保护禾苗 我最棒！

一、设计游戏规则

我们可以设计这样的规则：

用苍蝇代表害虫，让它一直飞行。

点击青蛙，青蛙向前（右）跳起抓苍蝇。

青蛙碰到苍蝇，苍蝇消失，游戏结束。

二、设置苍蝇飞行

1. 添加背景和角色

添加小河背景和苍蝇角色，苍蝇放置在舞台左下角靠上位置。

2. 为苍蝇添加积木块

游戏开始时，苍蝇向右循环飞行。

三、设置青蛙跳跃

1. 添加青蛙

将青蛙放置在苍蝇下方。

2. 青蛙向前跳跃

	跳跃积木块
	在动作盒子➡中，可以让角色跳起指定的格数

【想一想】你在向前跳跃时会是什么样的动作？

既要向前，又要跳跃。而且这两个动作是同时发生的，前面我们学习了同时发生的事情可以称之为“并行”。

点击青蛙要同时进行“向前”和“跳跃”这两件事，下面哪个程序能实现这种效果呢？

A   B

答案是 A 程序，点击青蛙时，它会前进 2 步，同时也会跳起来，就完成了向前跳的效果。这两个程序是同时执行的，两个动作也是同时进行的。

B 程序，点击青蛙后，青蛙先向右走两步，再跳起来。B 程序是先做一件事再做一件事。

3. 补充程序

<table>
<tr><td rowspan="2"></td><td>pop 积木块</td></tr>
<tr><td>在声音盒子中，可以播放“啵”的音效</td></tr>
</table>

为了实现更好的效果，我们在青蛙跳的同时再添加一点音效。这样青蛙同时做了三件事。完整程序如下：

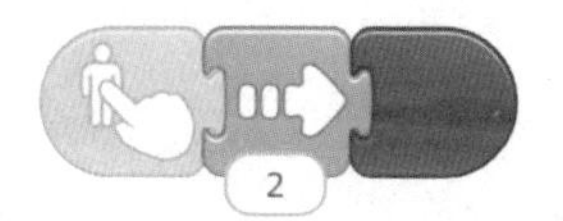  

四、苍蝇被青蛙吃掉

（一）制作游戏胜利页面

1. 添加新页面，绘制背景，给背景涂橙色。

2. 首先使用三角形工具 △ 绘制一个较长三角形。

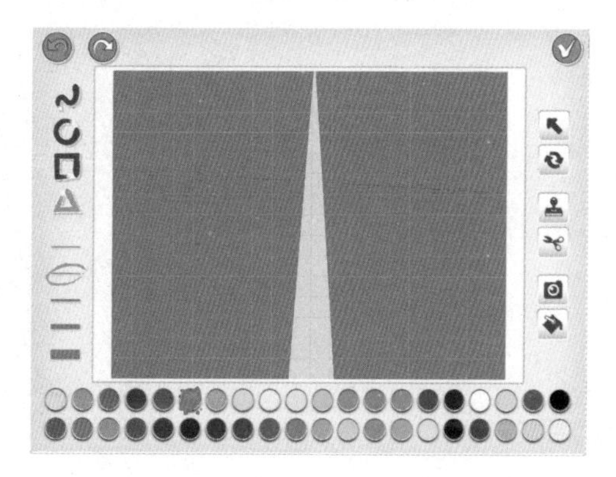

3. 接着使用旋转工具把它倒过来。

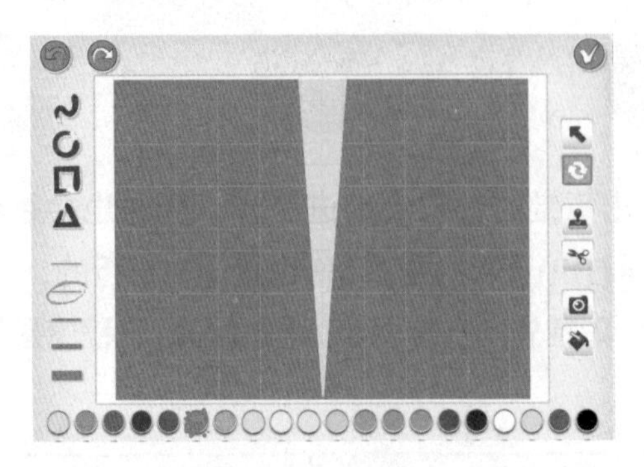

4. 再使用工具，复制这个三角形，使用旋转工具调整角度，使用拖动工具调整位置。

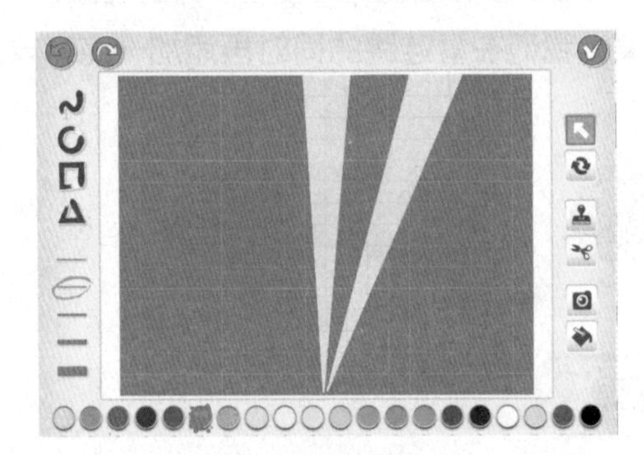

5. 最后通过这样的方式，复制多个三角形并调整，完成下图的绘制。

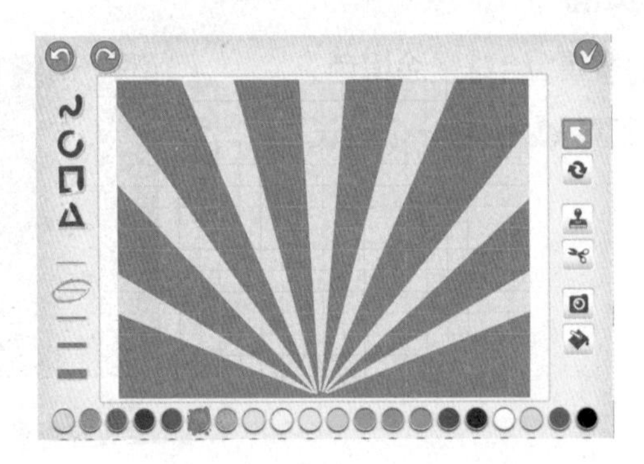

6. 将背景添加到舞台，并添加小青蛙和文字“保护禾苗我最棒！”。

（二）为苍蝇添加积木块

回到第一页。当苍蝇碰到青蛙，被吃掉就会停止程序并消失。

（三）为青蛙添加积木块

当青蛙跳起来碰到苍蝇时，就代表抓到了它，青蛙会说“吃掉你啦”，然后切换到游戏胜利的页面。

恭喜你！完成了第十个作品《小跳蛙》，快和家人一起体验你的作品吧。看谁能在最短的时间内抓到苍蝇。

你学会了吗?

想要制作点击小绿旗后足球旋转进入球门的动画效果，应该为足球添加以下哪个程序?

A 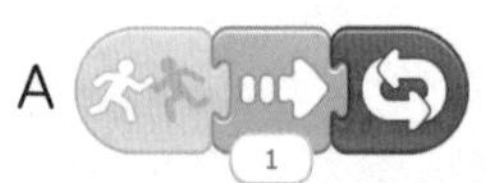 

B  

C  

D  

挑战一下吧！

任务 1：尝试改变《小跳蛙》中青蛙前进的步数和跳跃的高度。

任务 2：制作《守株待兔》小动画

制作不少于两张页面的动画，完成如下内容：

小兔子蹦蹦跳跳跑着，一头撞在了大树上，被农夫带回了家。

我明白啦！

青蛙是当之无愧的“农田卫士”。青蛙是我们的好朋友，我们要保护它。

知识回顾

本节课我们了解了农田卫士——青蛙，分为四部分完成了《小跳蛙》游戏。我们学习了跳跃积木块和 pop 积木块，再次复习了“并行”。

可以让角色跳起指定的格数。

可以播放“啵”音效。

积木展示

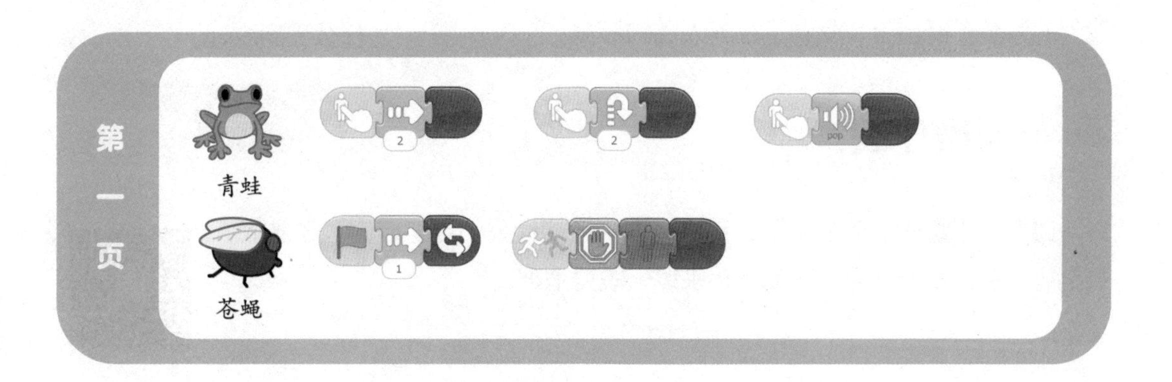

第十一节　小舞蹈家

学习目标

1. 理解有限循环；
2. 掌握循环积木块的使用和嵌套；
3. 掌握暂停积木块的使用。

你知道吗？

中华民族的舞蹈文化源远流长，早在五六千年以前就有了集体舞蹈。中国古典舞是中国舞蹈的主要分支，它融合了中国传统武术、杂技、戏曲中的动作和造型，具有独特的东方美感。现在我们的舞蹈不断创新，受到了世界人民的喜爱。

观看舞蹈《洛神水赋》《只此青绿》了解它们为什么受到欢迎。

今天做什么？

跳舞可以增强身体的灵活性和协调性，还能让我们更加自信。你喜欢舞蹈吗？今天我们就用 ScratchJr 来编一段舞蹈吧。

要怎么做呢？

今天的作品可以分为三个步骤来制作：

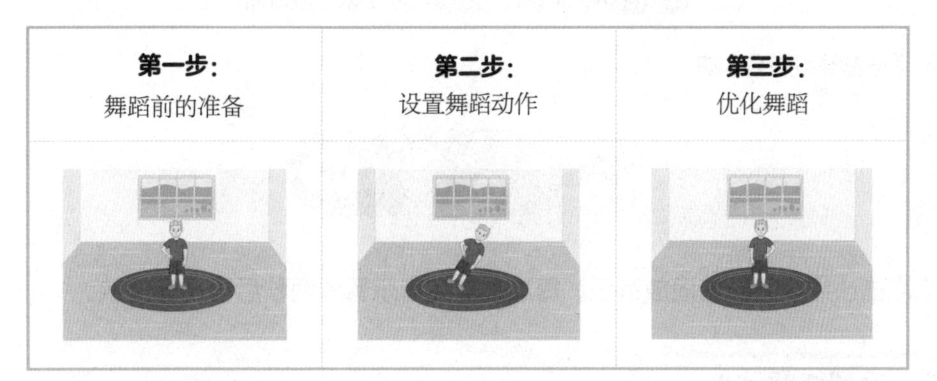

第一步： 舞蹈前的准备	**第二步：** 设置舞蹈动作	**第三步：** 优化舞蹈

一、舞蹈前的准备

（一）添加人物与背景

准备空房间背景，并将小男孩添加到舞台。

（二）添加音乐

1. 选择一首你喜欢的音乐，通过录音按钮，录制音乐。

我们希望音乐能够循环播放。

	暂停积木块
	在控制盒子中，可以让角色暂时停下来一段时间，这里的 10 等于 1 秒

2. 为男孩添加积木块：

当点击小绿旗后开始播放音乐。每次播放完音乐暂停两秒后再循环播放。

二、设置舞蹈动作

在生活中，一段舞蹈分为多种动作。为男孩编辑舞蹈动作之前，可以看看在 ScratchJr 中，有哪些积木块可以使用，它们的作用是什么。

根据这些积木块，我们可以为小明设置这样的动作：

1. 男孩向上跳 2 下

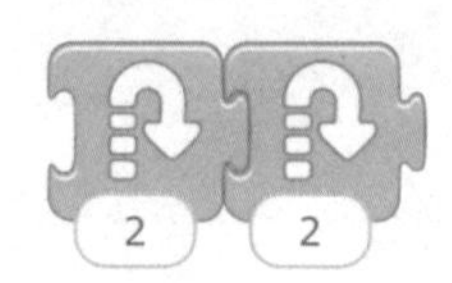

2. 男孩左右摆动 3 次

向右再向左，即：向右晃动一次，回到原来位置。

向左再向右，即：向左晃动一次，回到原来位置。

这四个积木块表示小明左右晃动一次，晃动 3 次就需要三组这样的积木块。

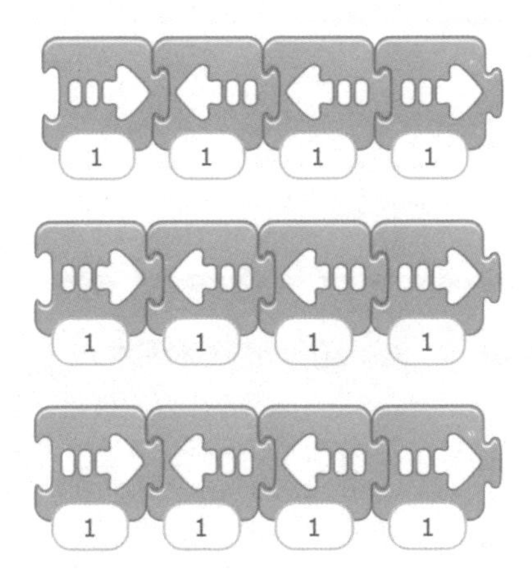

3. 男孩翻跟头 3 个

旋转 12 为 1 圈。

4. 组合积木块

将积木块组合到一起，点击小明开始跳舞。

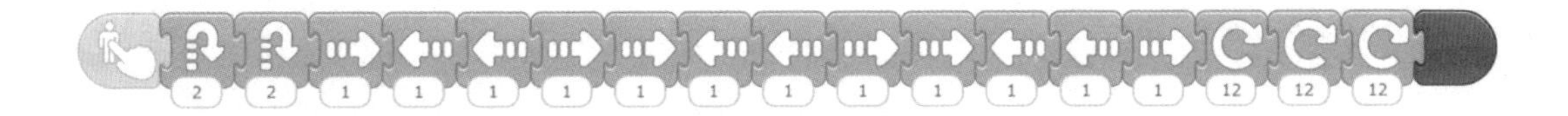

三、优化舞蹈

可以看到，在男孩的舞蹈动作中有很多重复的动作。为了简化积木块，我们可以用循环积木块。

新知识

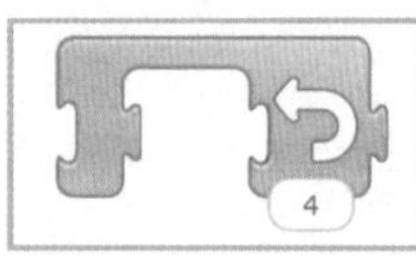	循环积木块
	在控制盒子中，可以将包含的程序重复执行指定的次数

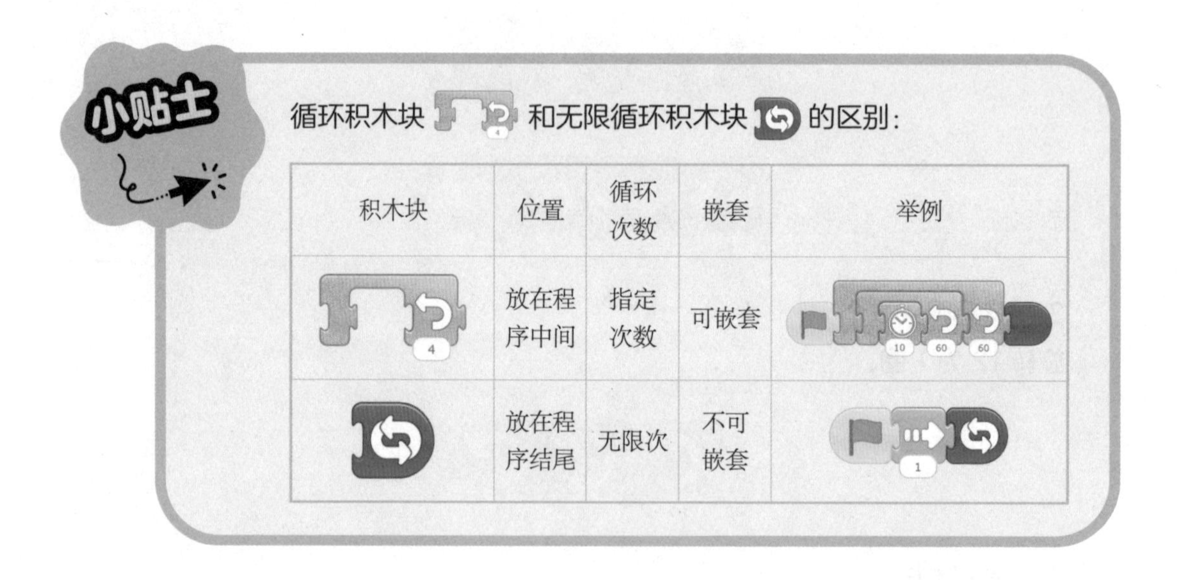

小贴士

循环积木块和无限循环积木块的区别：

积木块	位置	循环次数	嵌套	举例
	放在程序中间	指定次数	可嵌套	
	放在程序结尾	无限次	不可嵌套	

循环积木块像一只大嘴巴，它可以将里面的程序执行指定的次数。

男孩跳跃 2 次的程序可以修改为：

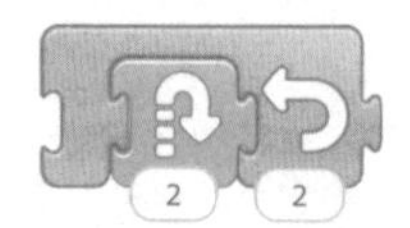

男孩左右摆动 3 次的程序可以修改为：

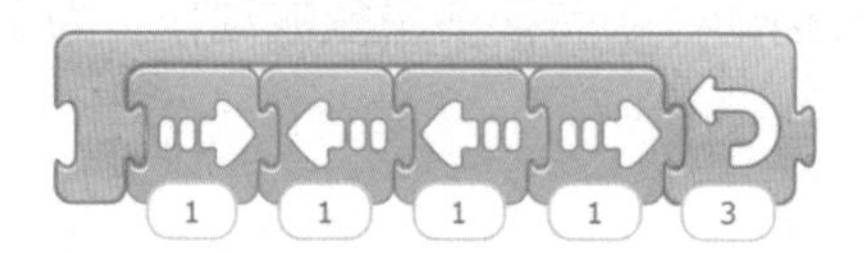

男孩翻跟头 3 次的程序可以修改为：

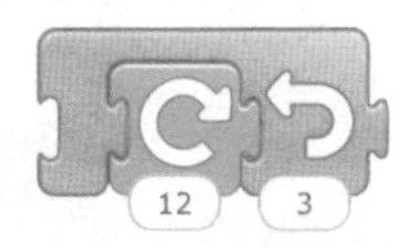

最终男孩的舞蹈程序就变得更清晰了：

恭喜你！完成了第十一个作品《小舞蹈家》，快向家人展示你的作品吧。

你学会了吗?

设置公交车一分钟（60 秒）后出发，可以为它添加的程序是以下哪一个?

A 

B 

C 

D 

挑战一下吧！

任务 1：升级《小舞蹈家》

添加新的人物，实现双人舞蹈并设置将编排的舞蹈跳两遍。

任务 2：制作《跳高冠军》小动画

小明为了赢得校园运动会的跳高冠军每天在公园训练，他制订了这样的训练计划：每隔 10 秒向上跳 1 次，每天练习 20 次。

请你将小明的训练计划做成小动画。

我明白啦！

别具风格、千姿百态的中国古典舞蹈是中华民族传统文化中最美丽动人的一部分。它让全世界能够通过舞蹈了解中华文化。我们也可以学习中国古典舞蹈，成为传播我国优秀传统文化的小舞蹈家。

知识回顾

本节课我们了解了中国古典舞，分为三部分完成了《小舞蹈家》作品。我们学习了循环积木块、暂停积木块。

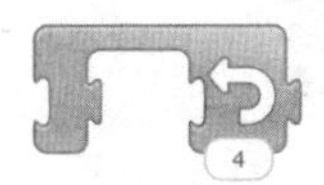

将包含的程序重复执行指定的次数。

让角色暂时停下来一段时间。

积木展示

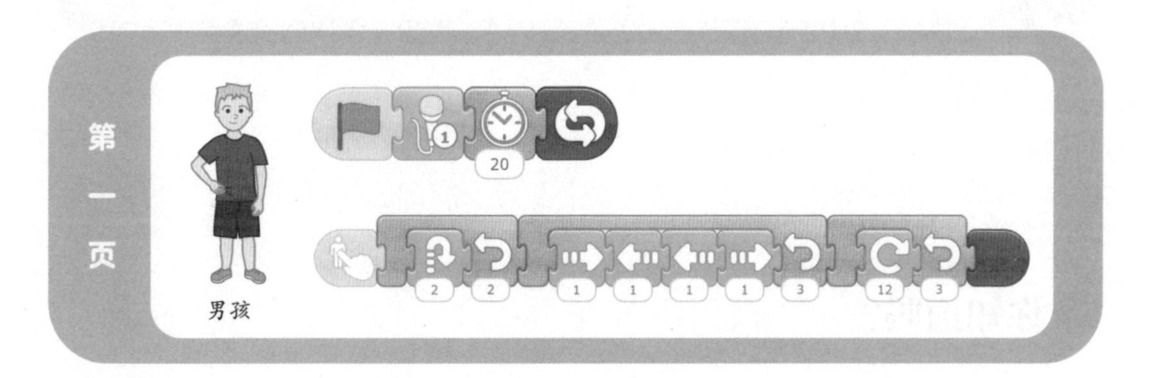

第十二节　箱子里的秘密

学习目标

1. 掌握重设大小积木块的使用；
2. 掌握通过拖动工具绘制复杂图形；
3. 认识“图层”；
4. 掌握复制角色的技巧。

你知道吗?

古时候有个叫曾子的人，他的妻子要到集市上去，他的儿子哭闹着，也想跟着去，于是妻子就对儿子说：“你回去，等我回家后为你杀一头猪。”

妻子从集市上回来后，曾子就要抓住一头猪，准备把它杀了。

妻子制止他说：“我只不过是与小孩子开玩笑罢了。”

曾子说：“小孩子是不能和他开玩笑的。他现在不懂事，要向父母学习，听从父母的教诲。现在欺骗他，就是教他欺骗。母亲欺骗儿子，儿子就不会相信母亲了，这不是教育孩子该用的办法。”于是曾子就将猪杀了，和家人们一起分享。

这就是曾子杀猪的故事。

今天做什么?

提到爸爸，他在你心目中的形象是怎么样的？你和爸爸之间又发生过什么有趣的事呢？你是不是也有一些秘密想对爸爸表达呢？

今天我们一起来为爸爸制作一个小游戏，把我们的秘密藏在箱子里面，看爸爸能不能找到吧！

要怎么做呢?

今天的作品可以分为四个步骤来制作：

第一步： 设计箱子	**第二步：** 设计“我的秘密”	**第三步：** 设置不同的箱子	**第四步：** 排列箱子
	爸爸我爱你！		

一、设计箱子

（一）观察箱子

观察这个正方体，你可以看到三个面：一个正方形，两个斜着的四边形（平行四边形）。

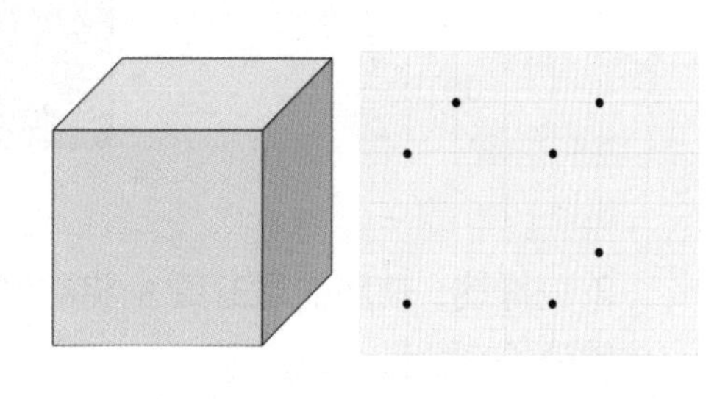

【试一试】用笔将右侧的点连起来，画出正方体。

（二）画箱子

1. 打开绘图编辑器，选择矩形工具 和黑色，首先画一个正方形涂灰色，并将复制出的另外两个正方形放在它的上面和右侧（如下图）。

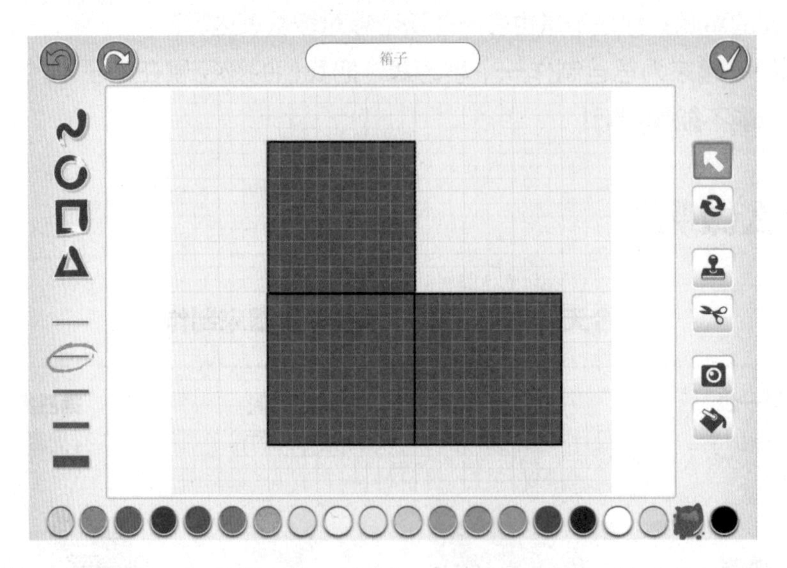

2. 使用拖动工具 ，点击上面的正方形，会出现 4 个点，拖动它们改变正方形为平行四边形。

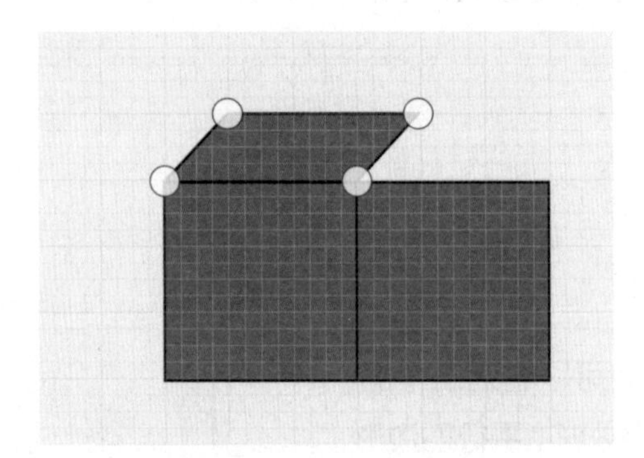

3. 同样地，使用拖动工具 将右侧的正方形也改为平行四边形。这样就完成了一个立体的箱子的绘制。

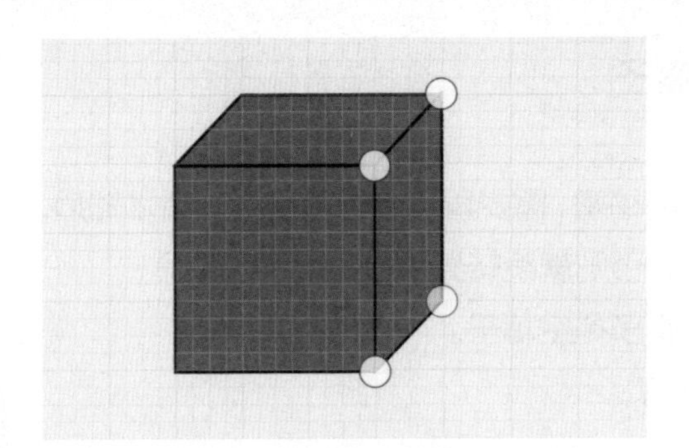

二、设计“我的秘密”

箱子里要装哪些秘密呢?

创建一个新页面，添加合适的背景和两段颜色不同的相同文字：“爸爸我爱你！”。

将两段文字叠加在一起，稍稍错开，就可以得到立体的文字啦。

三、设置不同的箱子

箱子里有没有我们的秘密，需要爸爸点击箱子看一看才知道。如果这个箱子是空箱子，没有秘密，箱子就消失，否则就跳转到秘密页面。

这里我们先来设置箱子是空箱子。

1. 设置箱子没有秘密

	重设大小积木块
	在控制盒子 中，把角色变回原来的大小。

为空箱子添加积木块：

当点击箱子时，箱子会先变大，再变回原来的大小，接着变小，最后消失不见。

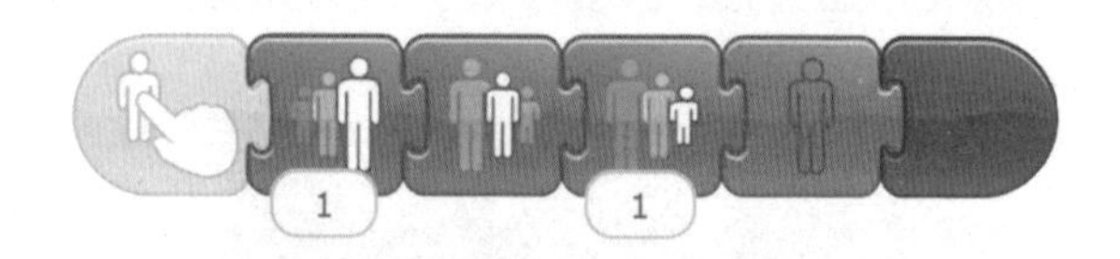

【试一试】点击箱子，箱子有什么变化?

点击箱子的同时，也可以带些音效，可以添加以下积木块。

复制角色时，角色的程序也会被复制。

2. 复制箱子

我们需要多个箱子，这里有个小技巧，可以复制箱子。按住箱子，将它拖动到页面 1，松手后你就能看到两个箱子。

按照这样的方法，你可以复制多个箱子。

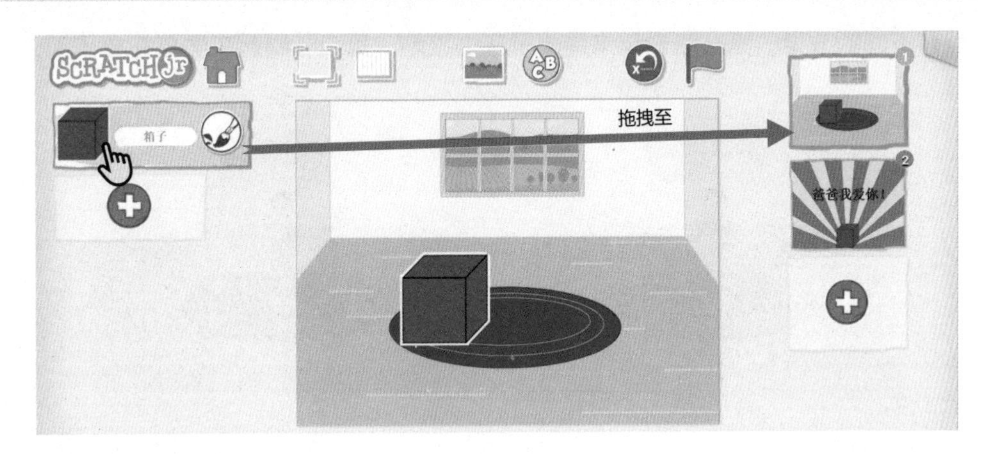

3. 设置箱子有秘密

选择一个箱子，修改它的程序，当爸爸点击它时，跳转到有秘密页面。

将程序

修改为

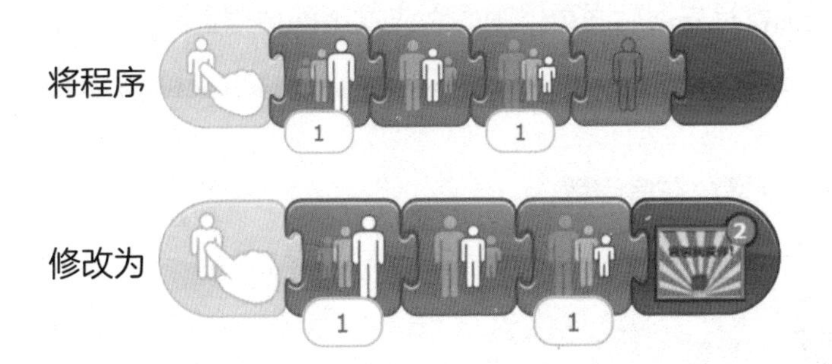

四、排列箱子

现在这些箱子凌乱地摆在舞台上，你可以看到前面的箱子会把后边的箱子遮住。所以在摆放物品时，要注意物品的图层。

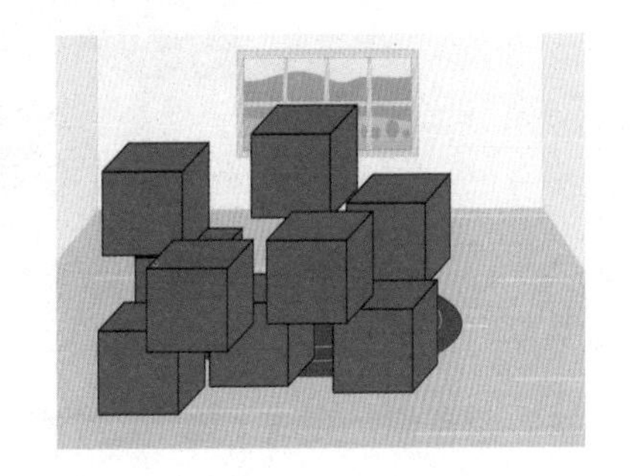

图层可以简单地理解为图片一张张按顺序叠放在一起，组合起来形成页面的最终效果。

例如在以下图片中，虽然小男孩和桌子的位置不变，但有不同的效果。第一张看起来是桌子在男孩前，第二张看起来男孩在桌子前。

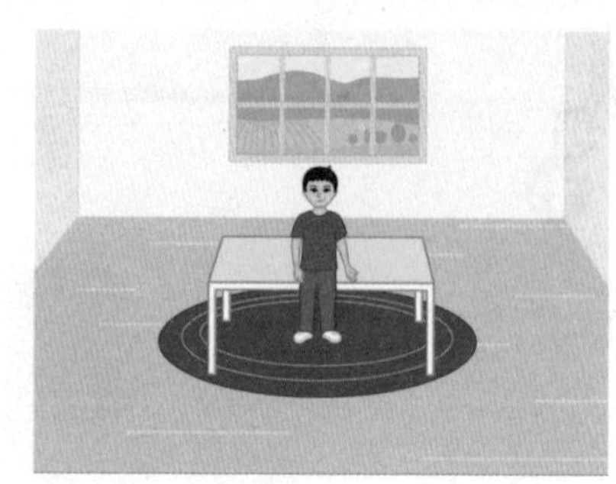

可以通过拖动物品改变图层。摆放物品时遵循先后再前，先下再上的原则，也就是先摆后面再摆前面，先摆下面再摆上面。

【试一试】将你的箱子整齐地摆放在房间里。

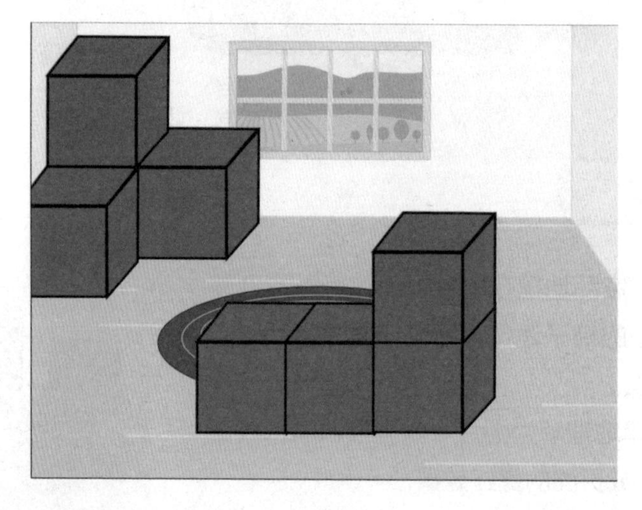

恭喜你！完成了第十二个作品《箱子里的秘密》，快让爸爸找一找你的秘密吧。

你学会了吗?

将积木块与它对应的功能连起来。

将角色缩小指定的大小　　将角色变回原来的大小　　让角色慢慢消失不见　　将角色增大指定的大小

挑战一下吧!

任务 1：升级《箱子里的秘密》

为秘密页面添加合适的音乐或声音。

任务 2：制作《星空》小动画

添加不少于 5 颗星星装饰夜空，为星星添加积木块，通过控制星星大小变化实现它“眨眼睛”的效果。

我明白啦！

爸爸是我们的依靠，为了我们能有好的生活而努力，我们要感恩爸爸的辛苦付出，勇敢地向他表达爱意。

知识回顾

本节课我们阅读了《曾子杀猪》的故事，分为四部分完成了《箱子里的秘密》小游戏！我们学习了重设大小积木块，认识了什么是图层，还能通过拖动工具绘制更复杂的图形以及如何复制角色。

把角色变回原来的大小。

积木展示

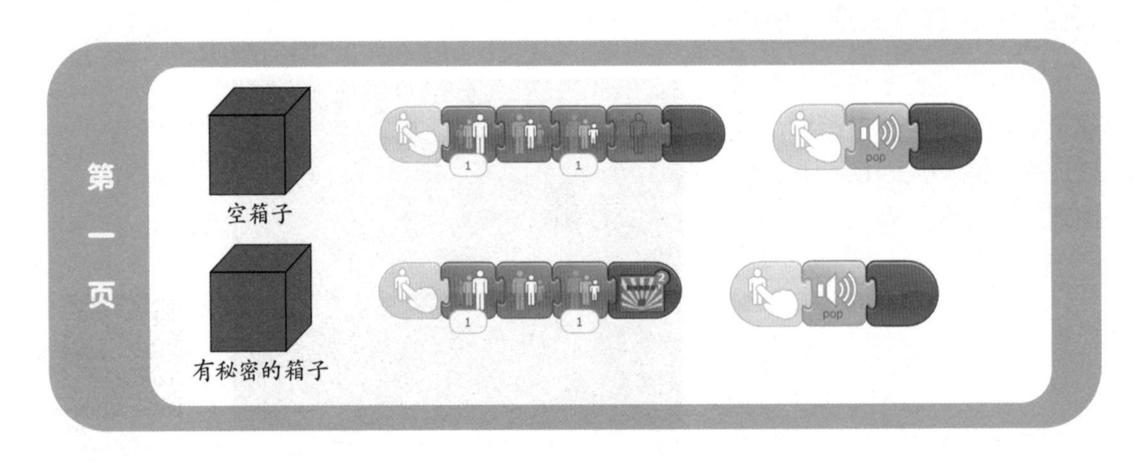

第三章 ScratchJr综合运用

第一节　自行车竞赛

学习目标

1. 熟练使用发送和接收消息积木块；
2. 掌握修改、复制角色的技巧。

你知道吗？

中国是世界上最大的自行车生产国、出口国，也是最大的自行车保有国，是名符其实的“自行车王国”。随着健康、绿色生活理念的普及，越来越多的人开始把自行车作为代步工具，骑行已成为继跑步之后的又一大众运动项目。现在我们已然成了“自行车运动王国”。

今天做什么？

你会骑自行车吗？今天我们用 ScratchJr 来设计一场自行车比赛，快来和你的小伙伴或者家人们比一比吧。

要怎么做呢?

今天的作品可以分为三个步骤来制作:

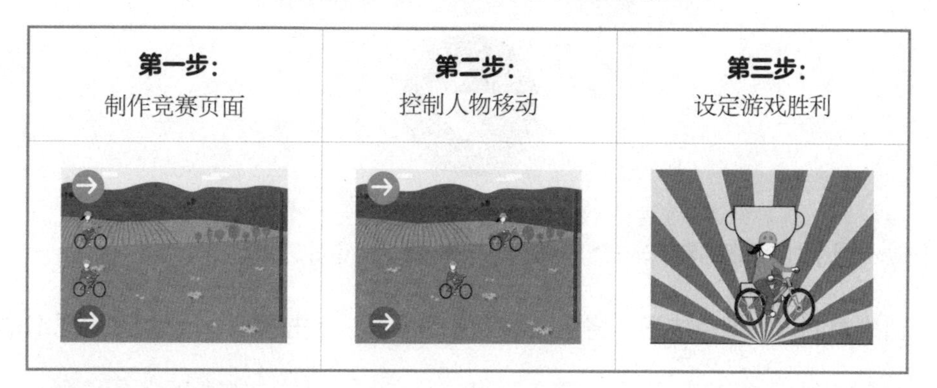

第一步: 制作竞赛页面	第二步: 控制人物移动	第三步: 设定游戏胜利

一、制作竞赛页面

(一)添加背景与选手

1. 添加背景,选择竞赛的地点为广阔的农场。

2. 再添加两名自行车选手,将大小缩小 6 ,放置在舞台中间靠左侧。注意不要让两个角色碰到一起。

（二）绘制按钮

1. 使用圆形工具和白色线条绘制箭头按钮。按钮的填充颜色可以与选手衣服的颜色一致，能一眼就看出是谁的按钮。

【想一想】如何能够制作一个与绿色按钮一样大小的按钮呢？

2. 首先复制这个绿色按钮，将它拖到下方的位置，点击画笔，打开绘图编辑器。

3. 选择蓝色，直接将绿色按钮涂成蓝色，并将角色名称改为“蓝色按钮”即可。

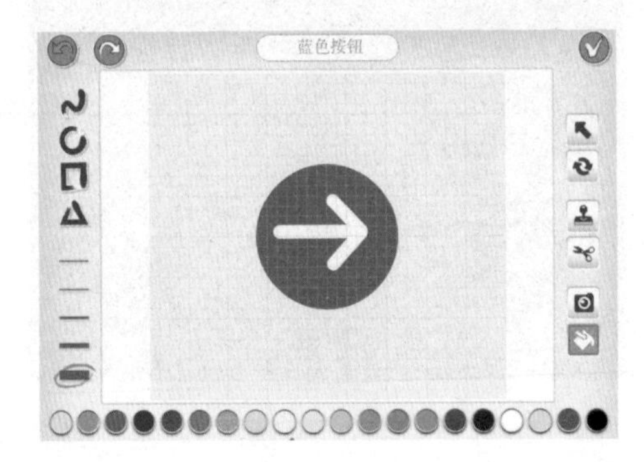

（三）绘制终点线

1. 使用矩形工具绘制细长的长方形，涂成红色。

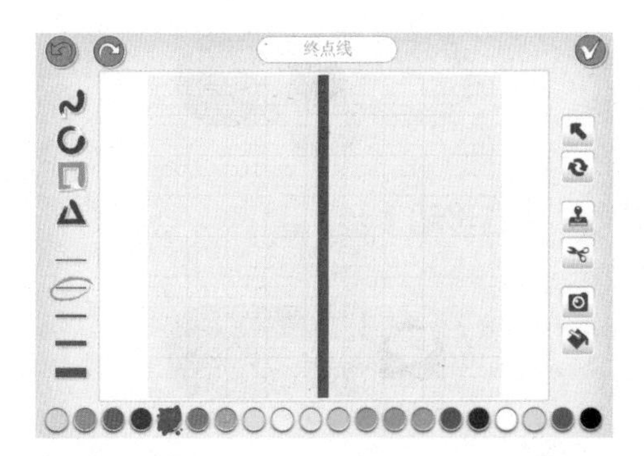

2. 将所有角色按下图所示排列好，终点线可以使用放大积木块变大一些，保障两个选手都能碰到。

二、控制人物移动

现在，我们要实现，在点击不同的按钮时让对应的选手向前走。

以绿色按钮为例：

点击绿色按钮，发出绿色消息。

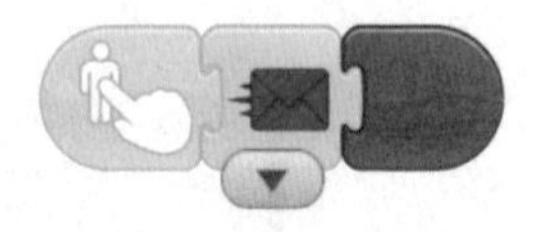

绿衣选手收到绿色消息，向右移动 1 步。

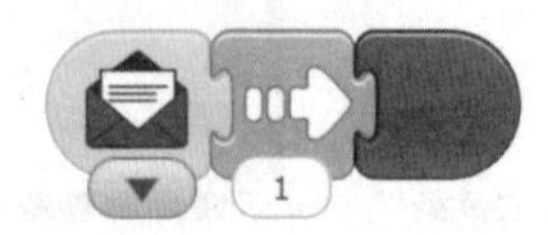

【试一试】点击绿色按钮，绿衣选手是否能够向前走？为蓝衣选手也设置这样的功能。

三、设定游戏胜利

游戏胜利的规则是：先碰到终点线的选手获胜。

这里我们需要创造两个胜利的页面，一个是蓝衣选手的，一个是绿衣选手的。

（一）设计绿衣选手获胜页面

1. 添加新的页面，使用多种工具绘制奖杯，你可以绘制如下图的奖杯，也可以自己设计。

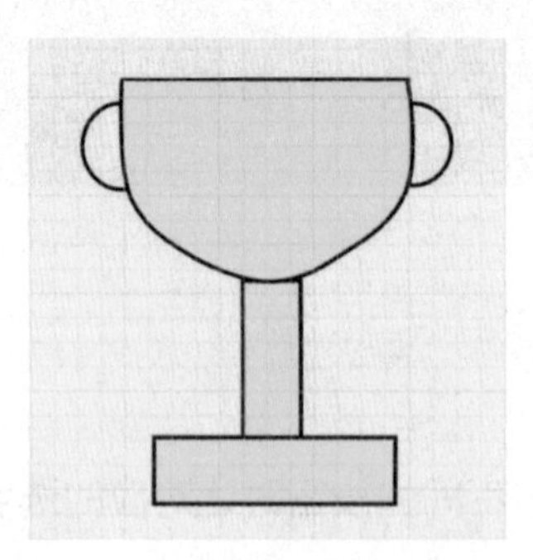

2. 将奖杯添加到舞台，放大到合适的大小。

3. 添加合适的背景，再添加一个绿衣选手放在奖杯前，代表她获得了胜利。

【试一试】设计蓝衣选手的获胜页面。

完整页面如下：

（二）为绿衣选手添加积木块

当绿衣选手碰到终点线时就切换到她的获胜页面。

【试一试】补充蓝衣选手的积木块，使其碰到终点线切换到他的获胜页面。

恭喜你！完成了第十三个作品《自行车竞赛》，快和家人或小伙伴来一场自行车竞赛吧。

你学会了吗？

将不同颜色的发送消息与接收消息连起来。

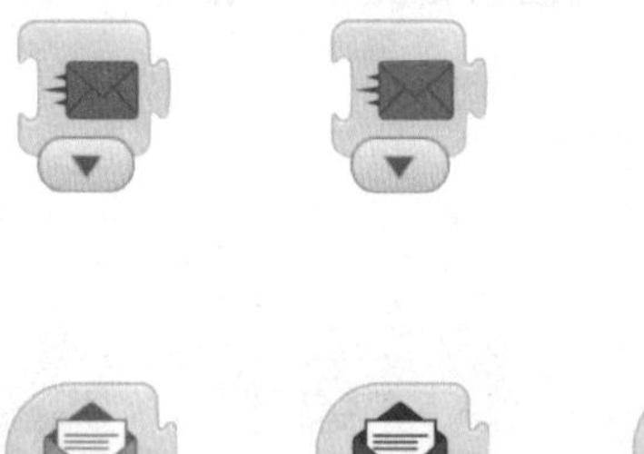

挑战一下吧！

任务1：升级《自行车竞赛》

再来添加一个骑手（可以通过复制再改变它的颜色），制作三人自行车竞赛，并为游戏添加重新开始功能，即：在胜利页面添加返回竞赛页面的按钮。

任务2：制作《斗鸡》小游戏

该游戏共三个页面，四个角色，规则如下：

页面一为游戏页面，当点击蓝色阵营，蓝色小鸡向左进攻。当点击红

色阵营，红色小鸡向右进攻。小鸡碰到其他角色都会后退一步。先到对方阵营获得胜利。

页面二为红方胜利。页面三为蓝方胜利。

下方为红色阵营和红色小鸡的积木块。

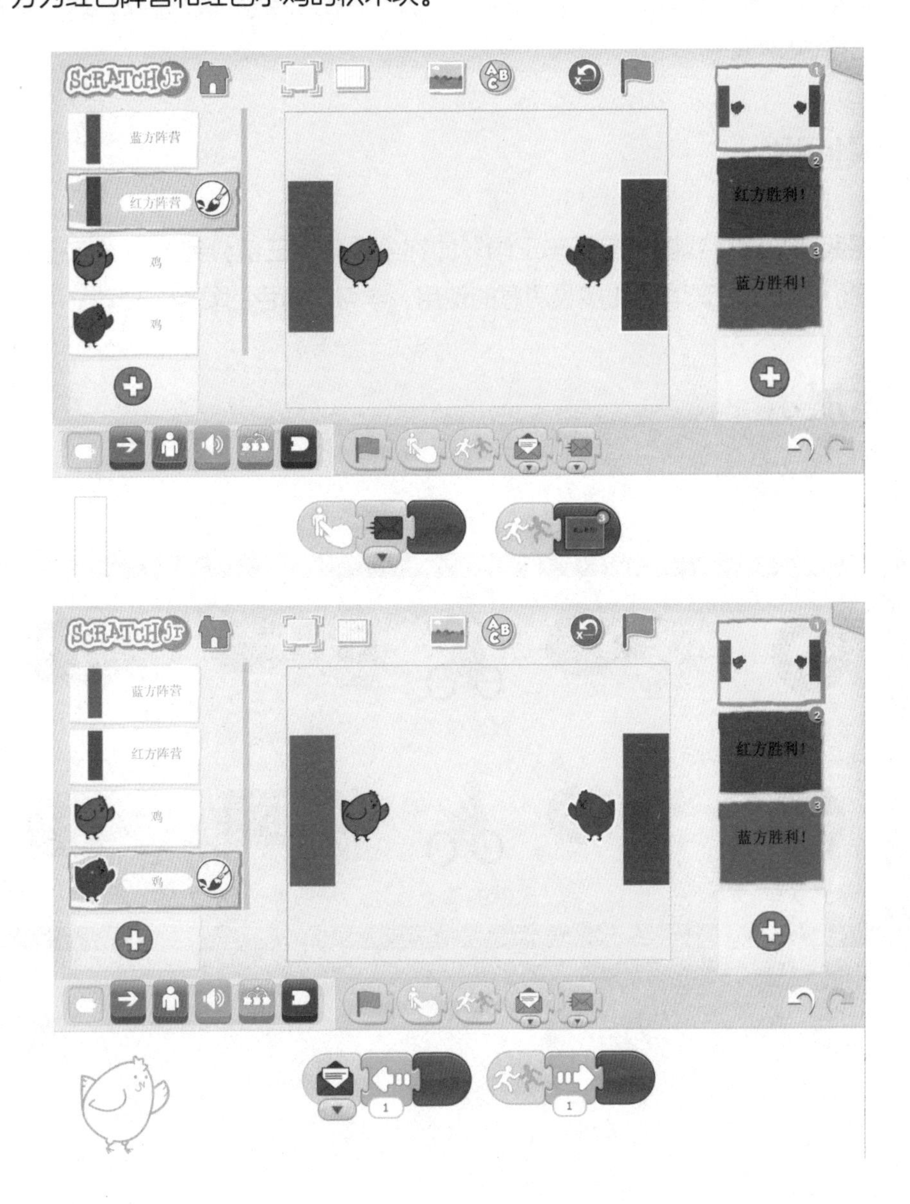

我明白啦！

自行车既是一种低碳环保的交通工具，也是一种锻炼身体的好工具。我们要多骑自行车，做到绿色出行。

知识回顾

本节课我们知道了我国“自行车王国”的称号，分为三部分完成了《自行车竞赛》小游戏。我们回顾了发送消息和接收消息的使用，学习了角色的复制与修改。

积木展示

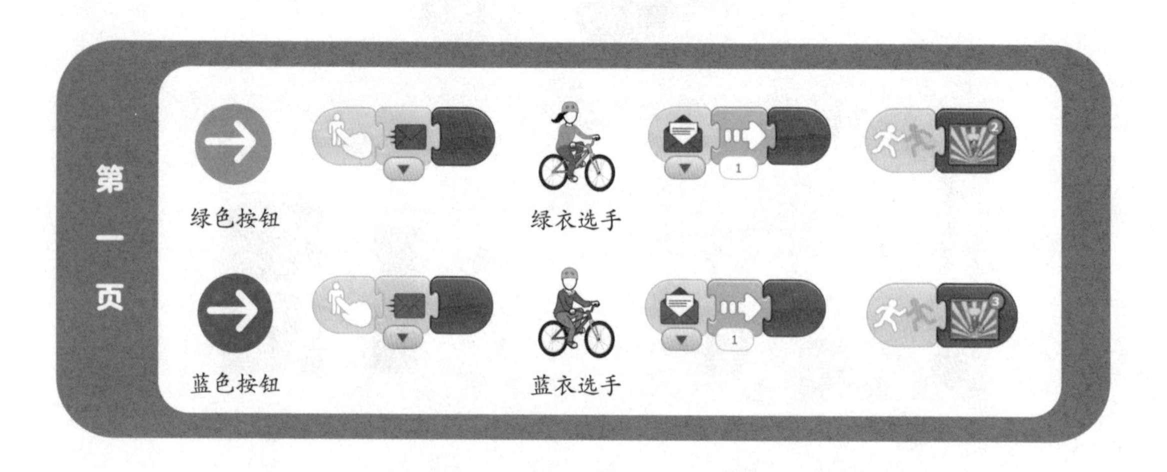

第二节　给妈妈的信

学习目标

1. 熟练掌握“并发”技巧；
2. 熟练掌握拖动工具的使用。

你知道吗?

小时候，孟子家居住的地方离墓地很近，孟子常跟其他小孩玩送葬游戏。他的母亲说:“这个地方不适合孩子居住。”于是将家搬到集市旁。在这里，孟子又模仿起了做买卖和屠宰猪羊的行为。母亲又想：“这个地方还是不适合孩子居住。”她又将家搬到学校旁边。孟子学会了鞠躬行礼及一些礼节。孟母说：“这才是孩子居住的地方。”就在这里定居下来了。后来孟子长大成人获得大儒的名望，大家都认为这是孟母教子有方。

今天做什么?

母亲赋予我们生命，悉心照顾我们，让我们的生活如春天般的温暖。今天我们一起来制作一个小动画《给妈妈的信》，写下你对妈妈的爱，感恩妈妈的养育。

要怎么做呢?

今天的作品可以分为三个步骤来制作：

第一步： 制作信的内容	**第二步：** 制作信封	**第三步：** 给妈妈送信
妈妈 我爱你！		

一、制作信的内容

我们要在信上显示的是对妈妈的告白和一颗跳动的爱心。

（一）绘制爱心

1. 首先使用线条工具绘制爱心，再使用拖动工具调整，使其更美观，将爱心涂成红色。

点击线条空白处可以新增一个点，点击现有的点可以删除这个点。

2. 将爱心添加到舞台，并配合相应文字，例如“妈妈”“我爱你！”。

（二）制作爱心跳动的效果

爱心跳动可以通过爱心变大变小的切换来实现。

为爱心添加积木块：

让爱心先变大 2，再缩小 2，这样无限循环，就实现了爱心跳动的效果了。

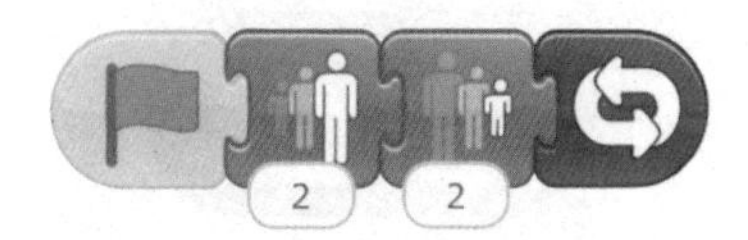

【试一试】点击小绿旗，看一看你的爱心能跳动吗？

二、制作信封

1. 绘制信封

添加新页面，绘制一个信封角色。

下图的信封是由一个长方形和两个三角形绘制的。你可以分三步画出下图信封，也可以自己设计信封。

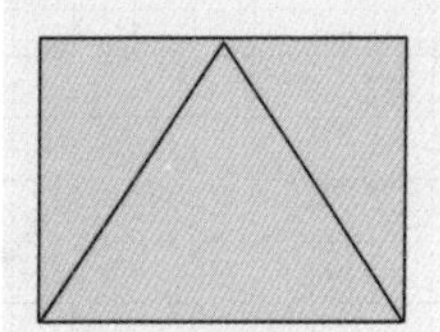

2. 点击信封读信

将信封添加到舞台，我们设定，当妈妈点击信封时可以阅读你写的信。

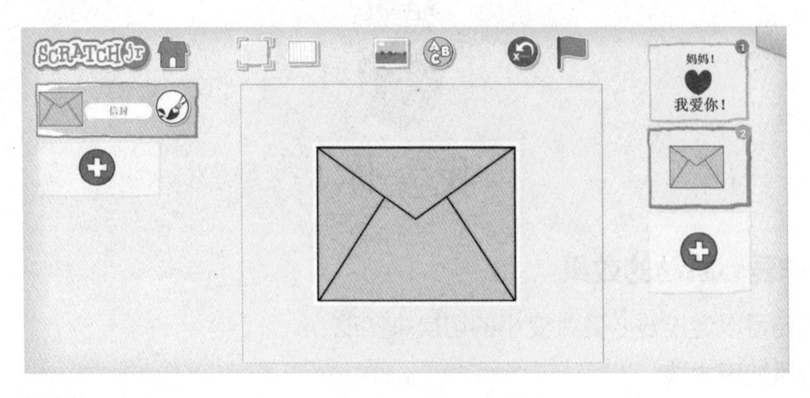

为信封添加积木块：

三、给妈妈送信

这一部分我们要做的是让小女孩拿着信跑向妈妈。

（一）添加背景和人物

1. 创建新页面，添加卧室背景、妈妈和小女孩角色，将两个人物放在舞台两侧。

2. 将信封添加到舞台，缩小后放在小女孩手上。

（二）小女孩送信

小女孩要边跑边说：“妈妈这是我给你的信。”

1. 为小女孩添加积木块：

小女孩移动的步数要根据自己的作品确定哦。

【想一想】点击小绿旗，小女孩能把信交给妈妈吗？怎样才能让小女孩拿着信封走过去呢？

现在我们想让小女孩走动的时候也带着信封，就是让信封跟着小女孩同时移动。小女孩停下的时候把信封交给妈妈，就是让信封移动的距离和小女孩一致。

2. 为信封添加积木块：

（三）展示信封

为妈妈添加积木块：

当妈妈被碰到，就跳转到信封页面，展示给妈妈，等待她点击阅读你的信吧。

恭喜你！完成了第十四个作品《给妈妈的信》，快向妈妈展示一下吧。

你学会了吗？

想要制作小狗追着小鸡跑的动画，应该为小狗添加的积木块是下列哪个？

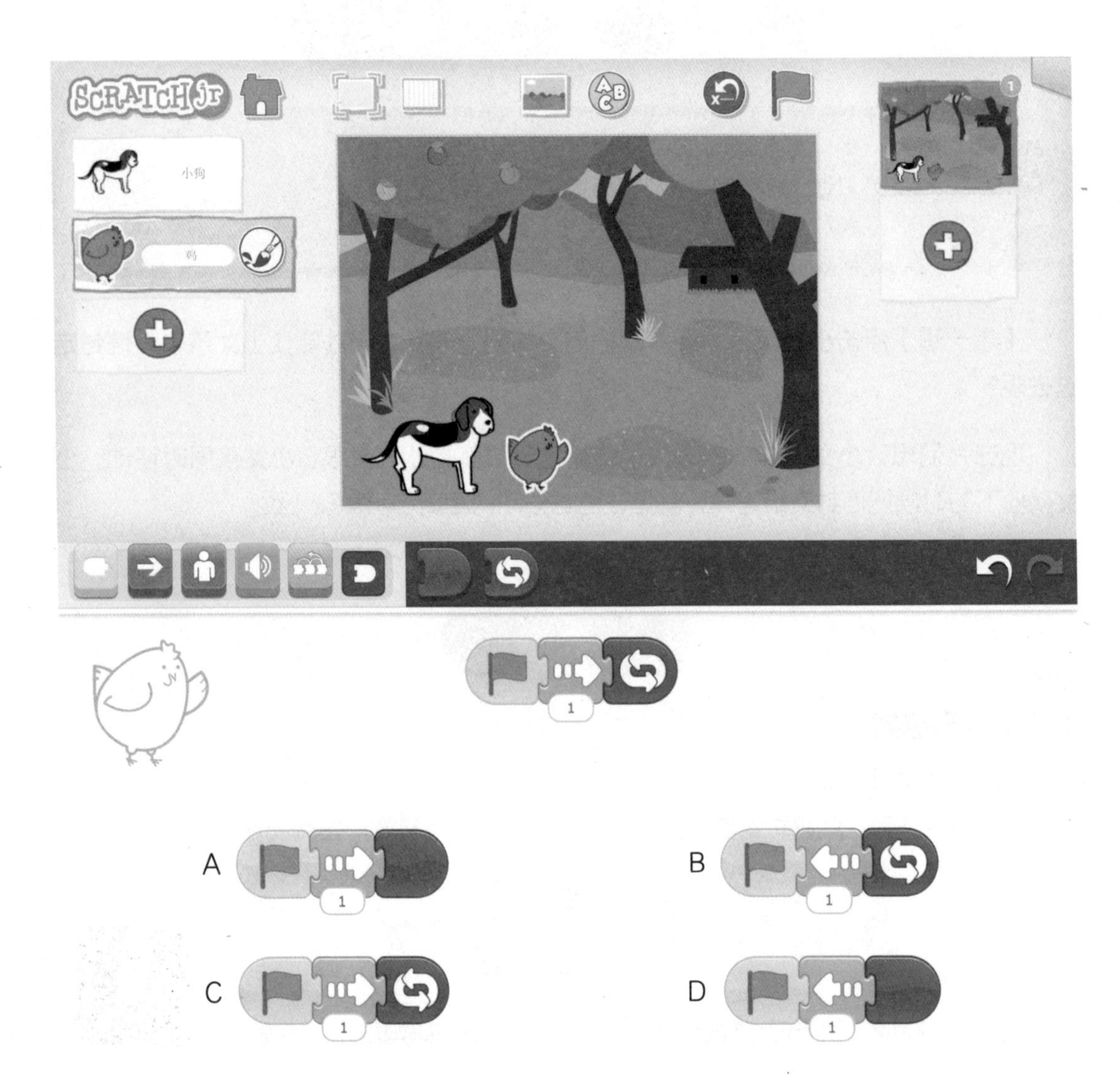

挑战一下吧！

任务 1：升级《给妈妈的信》

在页面 3 中，添加一朵花，制作小女孩一手拿着花，一手拿着信跑向妈妈的效果。

任务 2：制作《开开心心去打球》小动画

制作不少于两张页面的动画，主要内容：两个小男孩带着篮球一起去体育馆打球。

我明白啦！

谁言寸草心，报得三春晖。妈妈的恩情难以报答，我们要感谢妈妈对我们的付出。

知识回顾

本节课我们阅读了孟母三迁的故事，分为三部分完成了《给妈妈的信》作品。我们回顾了“并行”在作品中的使用，使用拖动工具辅助绘制了美观的爱心，知道了如何让多个角色同时运行。

积木展示

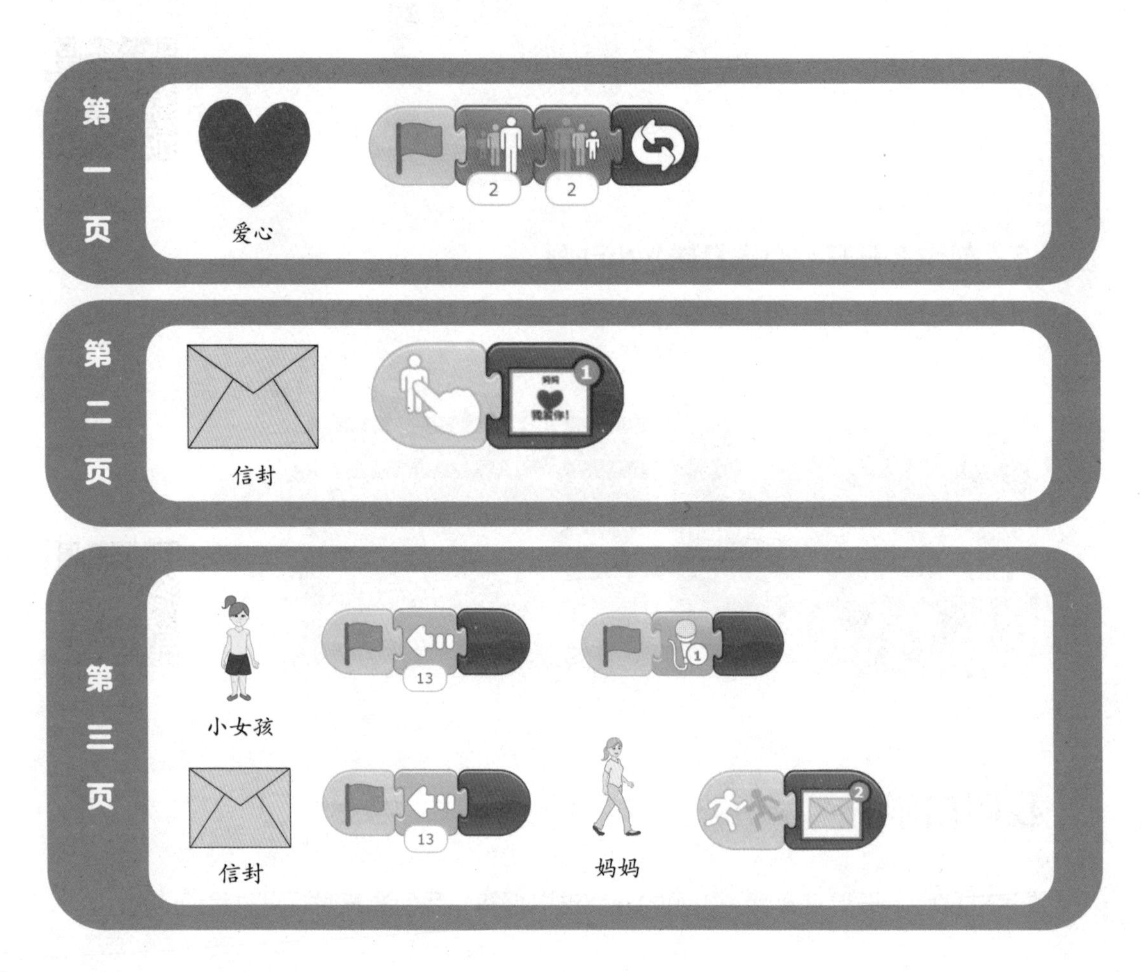

第三节　中国机长

学习目标

1. 掌握复制积木块的技巧；
2. 能够利用相对运动原理制作游戏。

你知道吗?

2018 年 5 月 14 日，四川航空的 3U8633 航班飞机正在 9800 米高空飞行，突然飞机右座的风挡玻璃破裂脱落。这时飞机已无法正常通信，气温骤降至零下 40 摄氏度，面临着坠毁的危险。在这生死关头，机长刘传健凭借精湛的技术和强大的心理素质，在高空缺氧、寒冷的环境下驾驶着飞机，选择最合适的路线，最终把飞机安全降落在成都，和机组人员一起保障了 119 名乘客的安全。

观看电影《中国机长》了解更多。

今天做什么？

刘传健机长以强烈的责任感、冷静的头脑、高超的技术创造了世界民航史上的奇迹，今天我们就来制作一款小游戏《中国机长》，操作飞行员躲避雷电和风暴，安全降落机场。

要怎么做呢？

今天的作品可以分为四个步骤来制作：

第一步： 游戏设计思路	**第二步：** 设置乌云、龙卷风、机场的移动	**第三步：** 控制飞行员移动	**第四步：** 设置游戏结果
			成功降落！

一、游戏设计思路

游戏描述：操作飞行员躲避乌云和龙卷风，安全降落机场。如果能够降落机场游戏胜利，如果碰到乌云或龙卷风游戏失败。

我们需要以下三个页面：

页面 1：游戏页面。需要角色：飞行员、机场、乌云、龙卷风、操作飞行员的按钮。

页面 2：胜利页面。提示游戏胜利。

页面 3：失败页面。提示游戏失败。

二、设置乌云、龙卷风、机场的移动

（一）添加背景角色

1. 首先选择一个合适的背景，例如农场。添加乌云和龙卷风角色。

2. 绘制一个机场角色。机场可以先绘制一个长方形，再使用拖动工具拉伸成平行四边形。

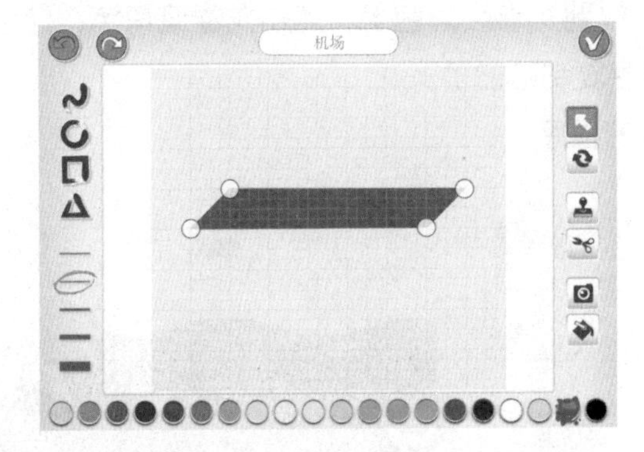

3. 将乌云、龙卷风和机场设置合适的大小，按下图摆放。

（二）为乌云、龙卷风和机场添加积木块

这里要设置乌云、龙卷风、机场都向左循环移动，它们的积木块是相同的。

1. 先为乌云添加如下积木块：

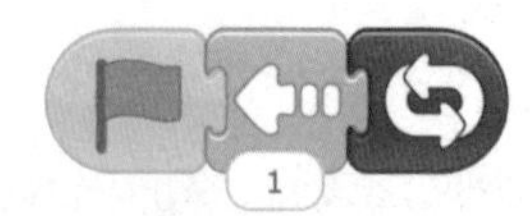

当点击小绿旗时循环向左移动。

相同的积木块可以重复使用，现在可以把这段程序复制给龙卷风和机场。

2. 拖动这段程序，放到龙卷风角色上，点击龙卷风角色，你会发现它也有了相同的程序，这样就成功将程序复制给它了。

3. 给机场复制同样的程序。

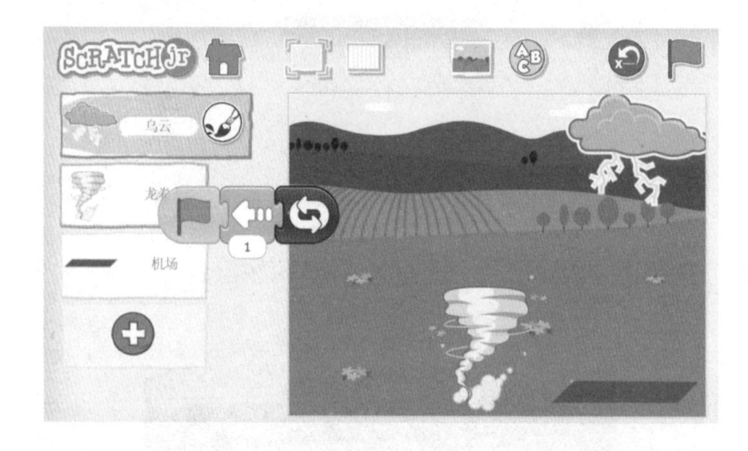

【试一试】点击小绿旗，这三个角色是不是同时向左循环移动呢？

三、控制飞行员移动

这里要设置飞行员不断降落，当点击绿色按钮时飞行员能够上升。

（一）添加角色

1. 添加飞行员（可以将飞行员变身为你自己），并将其大小缩小6，放置在舞台左上角。
2. 添加绿色按钮，放置在舞台右侧中间。

（二）添加积木块

1. 为绿色按钮添加如下积木块：

点击按钮发出一个绿色消息。

2. 为飞行员添加如下积木块：

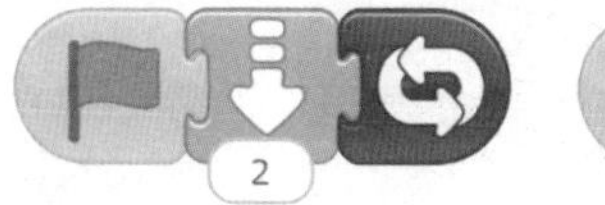

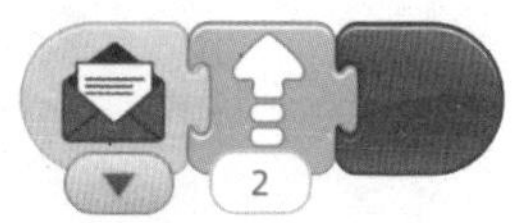

游戏开始时，飞行员不断下降，接收绿色消息时上升。

（三）了解相对运动

现在点击小绿旗，有没有一种飞机在向前飞的感觉呢？这叫作相对运动，飞机并没有向右飞，但由于乌云、龙卷风和机场都是向左移动的，相对于它们，飞机看起来就是在向右飞。这和我们坐汽车时，看到旁边的树木在向后移动是一样的原理。

四、设置游戏结束

制作两个新页面，一个是游戏胜利，一个是游戏失败。

回到第一页游戏页面，这里我们要设置，飞行员碰到机场游戏胜利，飞行员碰到乌云或龙卷风游戏失败。

1. 为机场添加如下积木块：

2. 为乌云和龙卷风添加如下积木块：

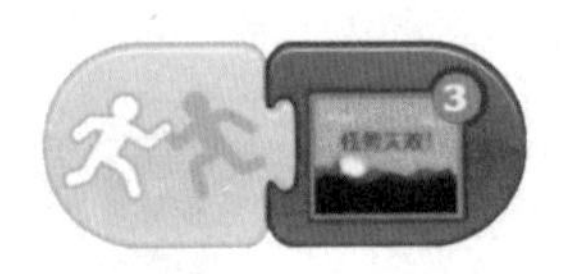

【试一试】体验游戏，看看游戏是否能够正常运行。

恭喜你！完成了第十五个作品《中国机长》，快邀请家人或小伙伴们体验一下吧。

你学会了吗?

为了让小猪看起来在向前跑，那么应该给树木添加哪些积木块呢?

A 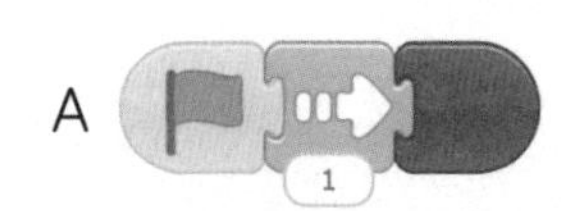

B 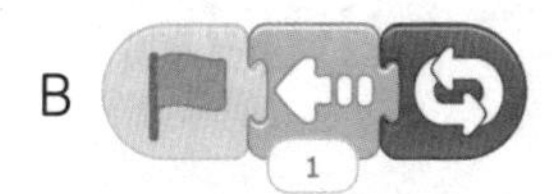

C 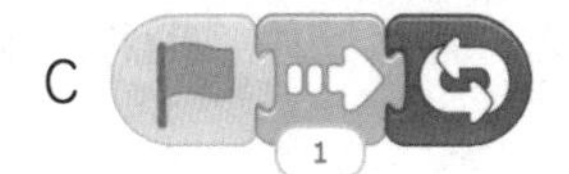

D 

挑战一下吧!

任务 1：升级《中国机长》

提高乌云、机场、龙卷风的移动速度，加大游戏难度。并为胜利页面和失败页面添加“重新游戏”的功能。

任务 2：制作《跑酷达人》小动画

使用空白背景、两棵树木、小男孩角色，利用今天所学的知识，制作小男孩从上向下走的动画。

我明白啦！

中国机长刘传健的故事告诉我们，遇到紧急事件，不要慌张，保持冷静，这是处理好事情的前提。

知识回顾

本节课我们了解了英雄机长刘传健的事迹，分为四部分完成了《中国机长》小游戏。我们学习了积木块复制的技巧，并且使用“相对运动”原理制作了角色循环移动的效果。

积木展示

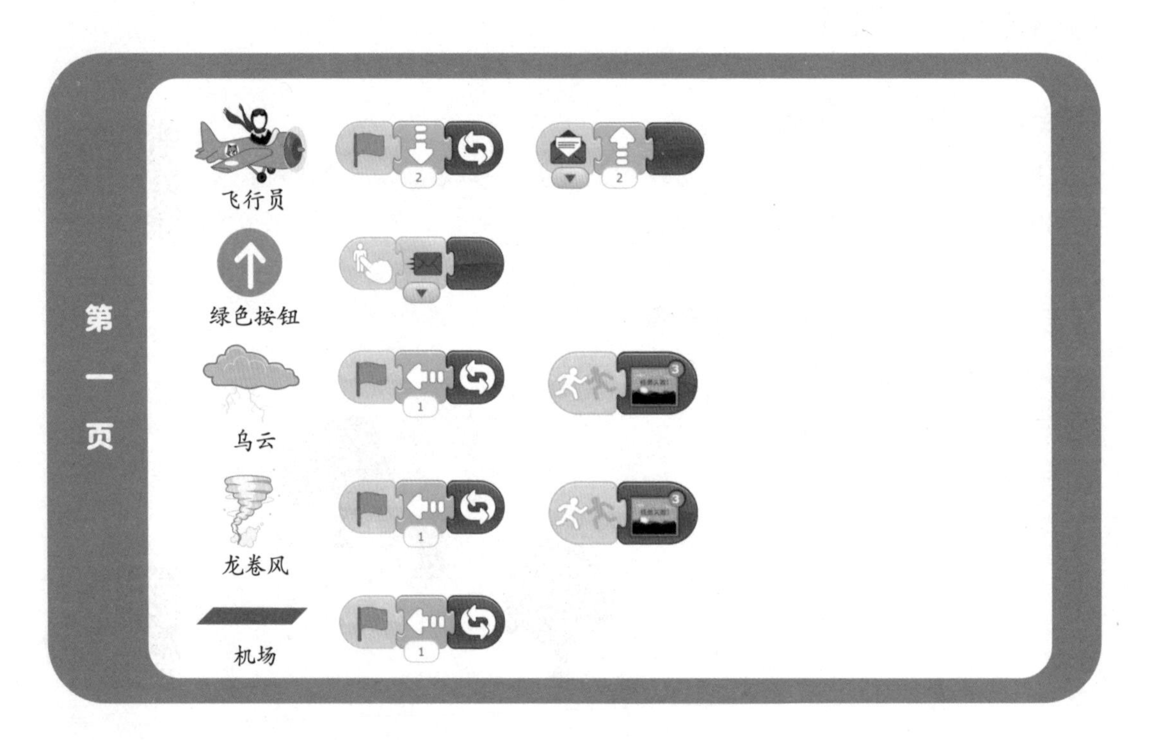

第四节　环保小达人

学习目标

1. 熟练掌握利用按钮控制角色移动的技巧；
2. 能够利用近大远小原理制作游戏。

你知道吗?

一个被随手丢弃的塑料瓶可能要花费 100 多年才能被大自然分解，但每年都有成千上万的塑料瓶被留在一些热门的旅游景区。随着一些景区的游客越来越多，垃圾问题也变得越来越严重。这些废弃的塑料瓶只能通过志愿者翻山越岭地毯式的行动，在峭壁和山林之间一个一个捡拾起来，再运到山下处理，耗费了大量人力物力。

今天做什么?

今天我们也要当一名环保小达人，做一个环保小游戏，收集山林里的塑料瓶，让更多人了解环保知识，保护环境。

要怎么做呢?

今天的作品可以分为三个步骤来制作：

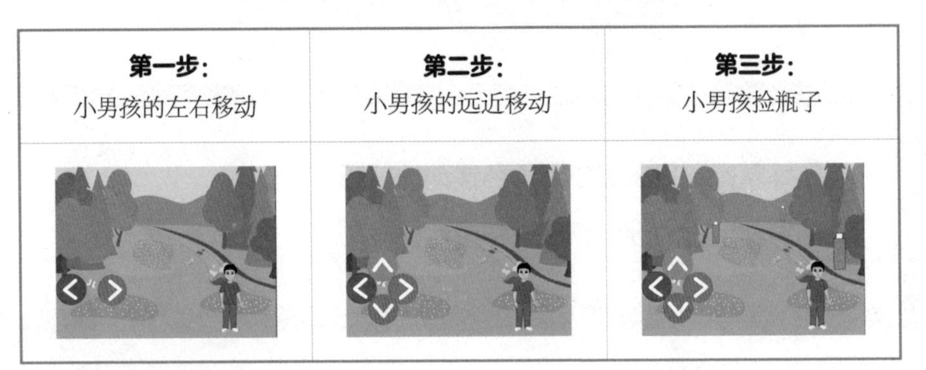

第一步： 小男孩的左右移动	**第二步：** 小男孩的远近移动	**第三步：** 小男孩捡瓶子

一、小男孩的左右移动

（一）添加背景和角色

选择小河背景，添加男孩角色。

（二）绘制按钮

1. 使用圆形工具和线条，绘制一个红色的按钮（表示向左走）。

2. 复制红色按钮，并点击 ，使用旋转工具 将箭头向右旋转，并涂成其他颜色（例如橙色）。

3. 将这些角色添加到舞台，按下图位置摆放。

（三）男孩向左移动

我们要实现点击红色按钮男孩向左移动。

1. 为红色按钮添加如下积木块：

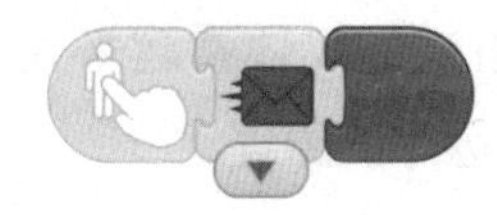

点击红色按钮发出红色消息。

2. 为男孩添加如下积木块：

收到红色消息向左移动一步。

【试一试】实现点击橙色按钮男孩向右移动。

二、小男孩的远近移动

（一）添加控制角色上下的按钮

复制并修改按钮，将它们按下图位置排列。

（二）了解近大远小原理

【想一想】这张照片是怎么拍摄出来的呢？

这是错位拍摄，男生站的离相机近，显得人比较大，而女生离相机远，显得比较小。近处的物体看起来大，远处的物体看起来小，这就是近大远小的原理。

【想一想】你还能举出哪些近大远小的例子。

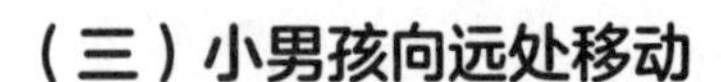

（三）小男孩向远处移动

想让游戏更有空间感我们也需要这个原理，让近处的角色大一些，远处的角色小一些。让小男孩走得越远变得越小，走得越近变得越大。

小男孩向远处移动，也就是点击蓝色按钮时男孩能够向上走并变小。

1. 为蓝色按钮添加如下积木块：

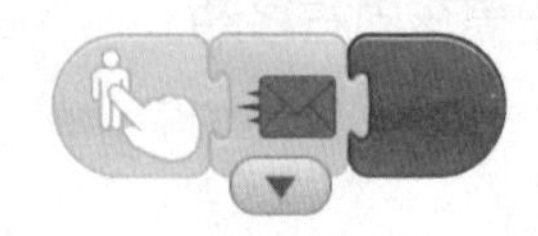

点击蓝色按钮发出蓝色消息。

2. 为小男孩添加如下积木块：

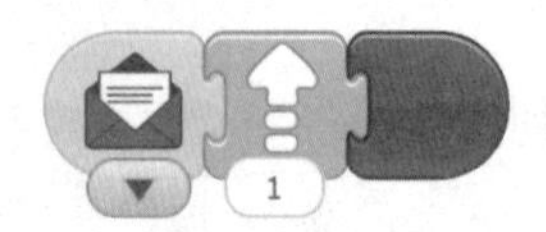

接收到蓝色消息，在向上移动 1 步的同时将大小缩小 1。这样就有了向远处移动的效果。

【试一试】点击紫色按钮时男孩能够向近处移动（向下走并变大）的效果。

三、小男孩捡瓶子

1. 绘制瓶子

利用一个白色的小长方形和一个蓝色的大长方形绘制一个塑料瓶。

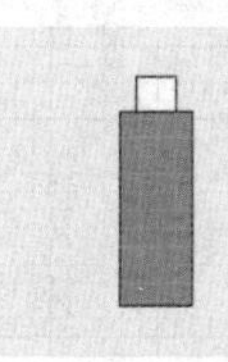

2. 摆放瓶子

复制多个瓶子，并按照瓶子摆放的远近，设置瓶子的大小。

3. 为瓶子添加积木块

碰到小男孩就消失隐藏，表示被小男孩捡走了。

【试一试】使用按钮控制男孩移动捡瓶子，测试游戏效果是否正常。

恭喜你！完成了第十六个作品《环保小达人》，快邀请家人或小伙伴们体验一下吧。

你学会了吗？

仔细观察图片和积木块，说一说，让小女孩采到蘑菇，需要点击哪个按钮？

A　　　　B

已知蓝色按钮的积木块为：

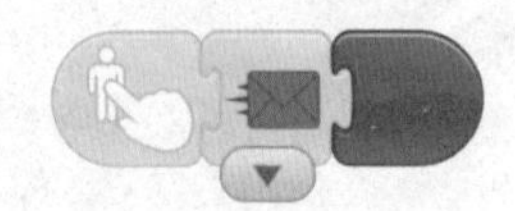

紫色按钮的积木块为：

小女孩的积木块为：

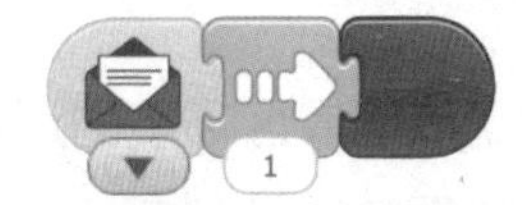

挑战一下吧！

任务 1：升级《环保小达人》

设计一个胜利的页面，上面写着“保护环境，人人有责”。并为距离最远的瓶子添加积木块，当小男孩捡到它后就转到胜利页面。

任务 2：制作《探索宇宙》小动画

制作不少于两页的动画，控制页面 1 的火箭斜着飞行到左上角的星球，跳转到第二页，使火箭慢慢降落到星球表面。

我明白啦！

我们要从自身做起，保护环境。文明旅游，不乱丢垃圾，这样才能看到最美的风景。

知识回顾

本节课我们了解了热门景区环境的污染和处理，分为三部分完成了《环保小达人》小游戏。我们复习了使用按钮控制角色移动的技巧，并且使用“近大远小”的原理制作了具有空间感的游戏效果。

积木展示

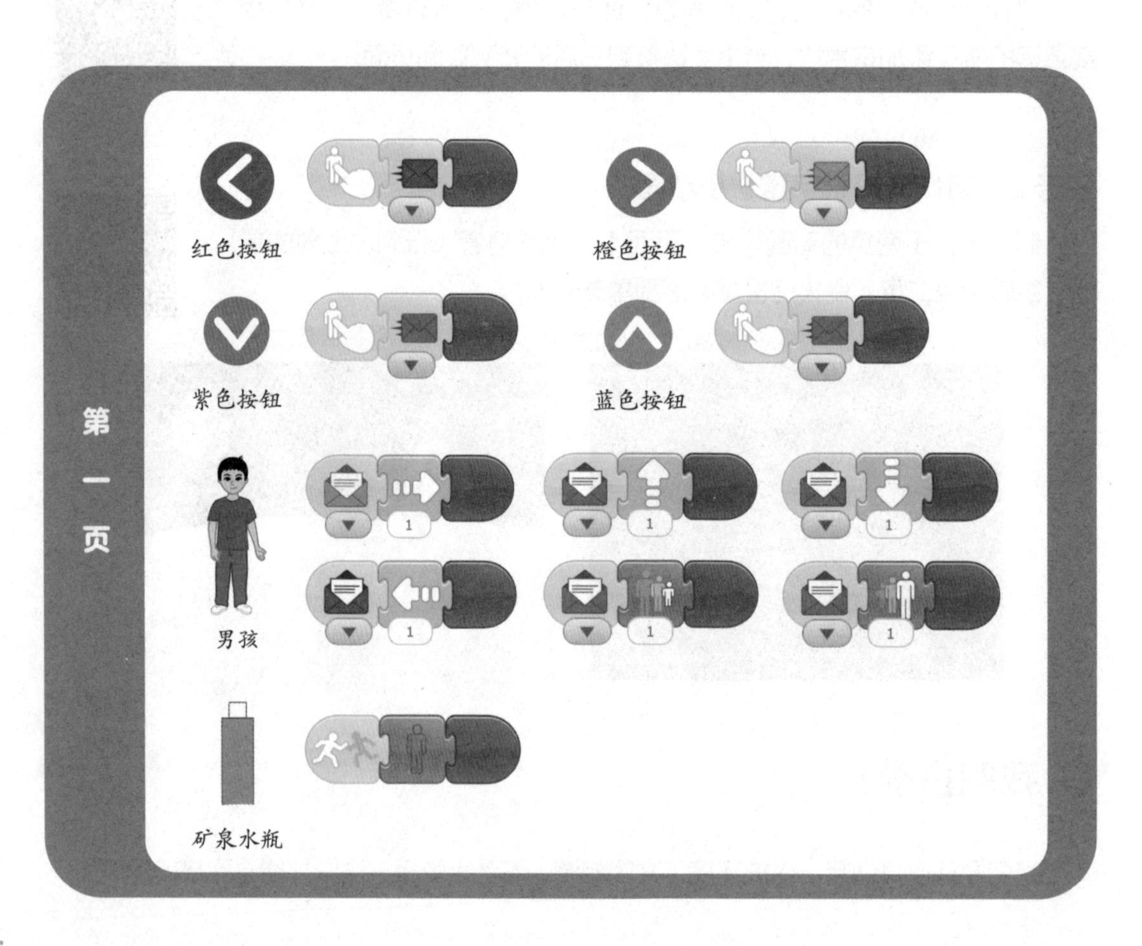

第五节 天上掉馅饼

学习目标

1. 掌握显示积木块的使用；
2. 掌握制作随机效果的小技巧；
3. 熟练掌握暂停积木块的使用。

你知道吗？

有一天，小明躺在家里用妈妈的手机开心地玩着游戏。

“滴滴滴”，收到陌生人发来的私信：“小明你好，我正在找人一起打游戏，如果你能跟我打游戏，我可以送给你一套绝版的游戏皮肤”。小明看到消息开心坏了，心想：“太好了，有人送给我皮肤，跟他一起玩吧。”于是小明添加了这个陌生人，不一会儿小明收到他发来的领取游戏皮肤的二维码，并按照他的要求下载了一个 App，还绑定了妈妈的银行卡，可是等了很久也没等到游戏皮肤。

第二天，经小明妈妈检查才发现自己的银行存款被转走了 6000 元……

【想一想】小明做错了什么？应该怎么做？

今天做什么？

使用礼物等物品诱骗我们是坏人们的常用手段。天上不会掉馅饼，馅饼可能是陷阱。今天我们就来制作一款《天上掉馅饼》小游戏，看看你能躲开这些陷阱吗？

要怎么做呢？

今天的作品可以分为三个步骤来制作：

第一步： 控制男孩移动	**第二步：** 馅饼随机掉落	**第三步：** 设置游戏胜利与失败
		游戏胜利！

一、控制男孩移动

添加背景、按钮以及男孩角色，按右图所示排列。

【试一试】为按钮添加积木块，使它能控制男孩左右移动。

二、馅饼随机掉落

（一）绘制馅饼

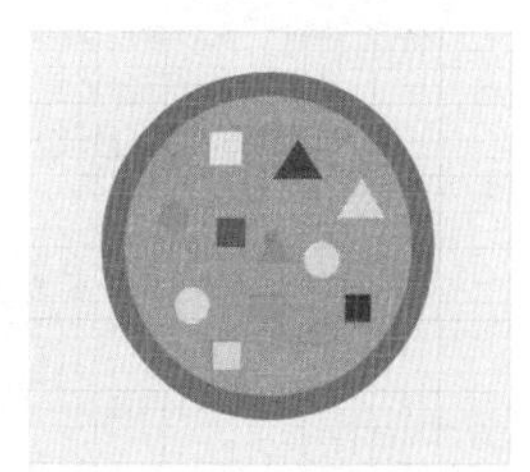

1. 先使用圆形工具，选择最粗的线条，颜色为橙色，绘制圆形，并涂黄色。

2. 再使用圆形、矩形、三角形工具绘制各种颜色的小图形作为馅饼的“馅料”放在上面，这样就绘制出一块诱人的馅饼了。

（二）馅饼落下

将馅饼缩小到合适的大小，放在天上。怎么才能让馅饼随机地从天上落下来呢？我们把它的程序分为两段。

1. 为馅饼添加第一段积木块：

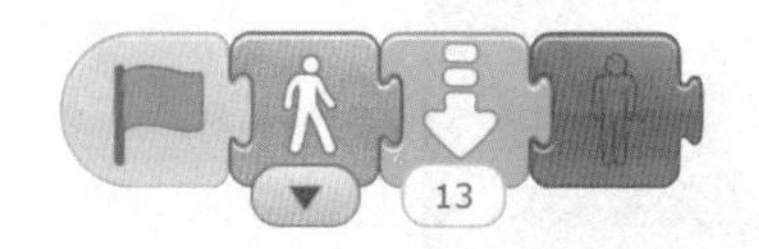

当点击小绿旗时让它慢速向下移动 13 步，随后消失隐藏。

2. 为馅饼添加第二段积木块：

让它快速地向上移动 13 步回到原来的位置，再向右移动 2 步，再显示出来，这样馅饼就出现在一个新的位置。

是显示积木块，可以让消失的角色渐渐显示在屏幕上。它在外观盒子中。

3. 完整的程序如下：

这段程序就是让馅饼先落下消失，再快速地回到天上，向右移动到一个新的位置，显示出来。重复这段程序，就能实现馅饼"随机"从天上掉落。

【想一想】回到原来的位置为什么没有使用到回家积木块。

（三）复制馅饼

1. 现在请你复制两个馅饼，将它们设置为不同的大小，放在天上。

2. 修改这两个馅饼的下落速度和向右移动的距离，例如将其中一个修改为中速，向右移动 5 步。这样随机出现并下落的效果就更好了。

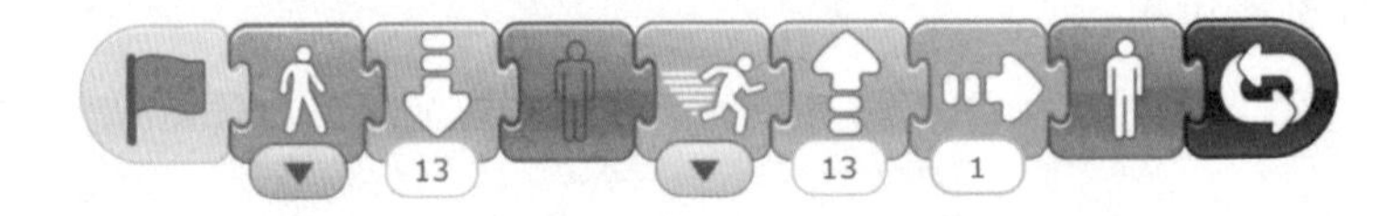

【试一试】点击小绿旗，看看天上是否下起了“馅饼雨”。

三、设置游戏胜利与失败

（一）游戏胜利

如果小男孩能够坚持 1 分钟不碰到馅饼，那么就获得胜利。

参考右图设计游戏胜利的页面。

1. 回到页面 1，为小男孩添加如下积木块：

2. 点击小绿旗，暂停 6 秒，循环 10 次，也就是暂停了 60 秒（1 分钟），随后就跳转到胜利页面（也可以理解为 1 分钟后显示游戏胜利）。

（二）游戏失败

参考下图设计游戏失败的页面。

回到页面 1，为小男孩添加如下积木块：

如果碰到其他角色（馅饼）就跳转到失败页面。

【试一试】回到第一页，点击小绿旗体验游戏，查看游戏效果。

恭喜你！完成了第十七个作品《天上掉馅饼》，快邀请家人或小伙伴们试玩一下吧。

你学会了吗？

聪聪喜欢跳绳，每天都坚持要跳 100 下，请在下面选项中选出两项适合聪聪的积木块。

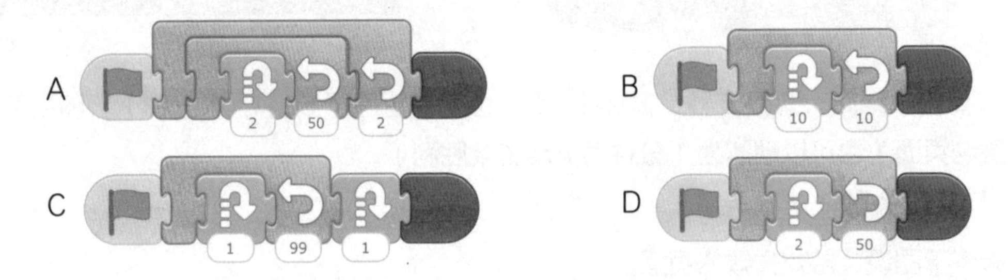

挑战一下吧！

任务 1：升级《天上掉馅饼》

为小男孩添加一个躲闪技能，当点击小男孩时，他会“隐身”一秒，再现身。

任务 2：制作《天降甘露》小动画

下雨啦。干枯的大地万物复苏，草原变绿啦。请你修改草原背景，将其变成绿色。

绘制小雨滴，实现下雨的效果。

提示：选中草原背景，点击 ，就可以用画板修改背景。

我明白啦！

诈骗分子经常以赠送游戏皮肤、道具、礼物取得我们信任，诱骗我们。要记住：陌生人，我不理。陌生地，我不去。礼物玩具我不要，安全儿歌要记牢。

知识回顾

本节课我们了解了一个网络骗局，分三部分制作了《天上掉馅饼》小游戏，要时刻小心防范哦。本节课我们学习了显示积木块和随机效果的小技巧，复习了暂停积木块的相关知识。

把消失的角色渐渐显示在屏幕上。

积木展示

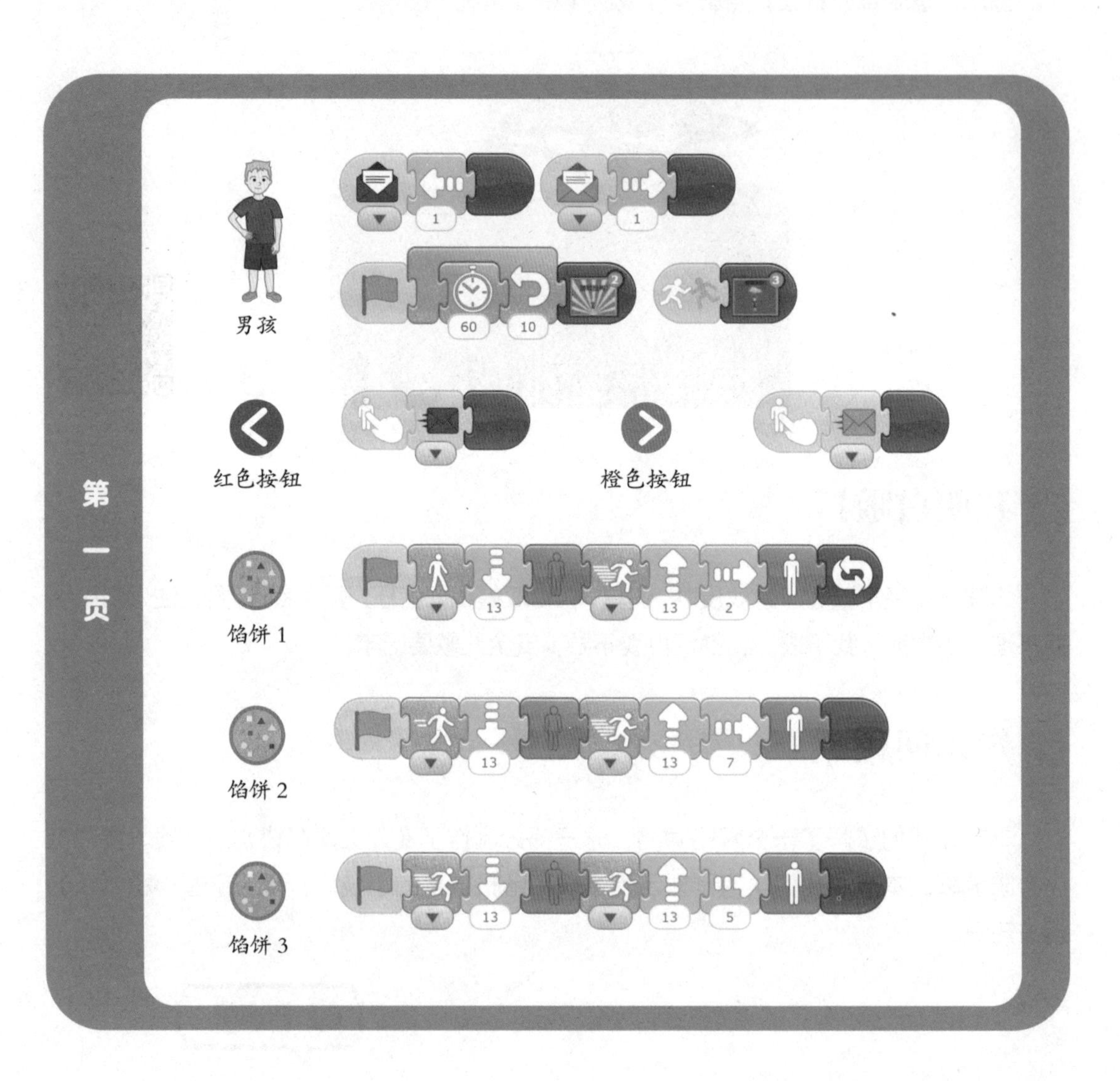

第六节　雪地小画家

学习目标

1. 熟练掌握循环积木块的使用；
2. 熟练掌握角色和程序的复制；
3. 熟练掌握图形绘制技巧。

你知道吗？

冬天下雪的时候，松软的白雪上经常留下各种各样的印记和脚印，就像一幅浑然天成的画作。当我们看到雪地上有一串大脚印，就知道有大人从这儿经过。当我们看到小小的脚印，就能猜想到，小朋友曾在这里玩耍。小动物也有各种各样的脚印，小鸡的脚印像竹叶，小狗的脚印像梅花，小鸭的脚印像枫叶，小马的脚印像月牙…… 小朋友，你知道为什么雪地上没有青蛙的脚印吗？这是因为青蛙需要冬眠，已经在自己的小家里沉沉睡去啦。

今天做什么？

前面这段话，让我们联想到小鸡、小狗、小鸭、小马在雪地里玩耍的热闹情景，描绘了这四种动物爪（蹄）子的不同形状以及青蛙冬眠的特点。今天我们就用所学的编程知识把它编成一段小动画吧。

要怎么做呢？

今天的作品可以分为五个步骤来制作：

第一步：	**第二步：**	**第三步：**	**第四步：**	**第五步：**
小动物集合	小鸡画竹叶，小狗画梅花	小鸭画枫叶，小马画月牙	青蛙睡着了	动画配音

一、小动物集合

下雪啦，雪地里来了一群小动物，一起来打雪仗。我们来制作让小动物从四面八方赶来的效果。

（一）添加背景和角色

我们知道故事发生的时间是冬天，参与的动物有小鸡、小狗、小鸭、小马。所以这里添加冬天的背景，添加以上四种动物，并放置在舞台边缘。

（二）添加积木块

为不同的动物添加不同的积木块，使它们能够走到舞台中间。

例如：为小马添加如下积木块：

让一个角色向右移动 0 步可以让它面向右边。

【试一试】为小狗、小鸡、小鸭添加积木块使它们能够走到舞台中间。

二、小鸡画竹叶，小狗画梅花

我们要制作小鸡、小狗通过动作画出竹叶和梅花的效果。

请你观察，小鸡、小狗的脚印是什么样的呢？

（一）添加背景和角色

1. 制作新页面，添加小鸡和小狗，并绘制出小鸡和小狗的脚印（可参考下图）。

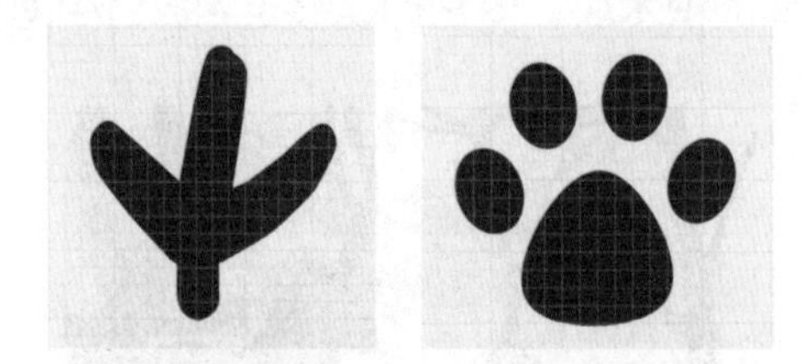

2. 将脚印添加到舞台上缩小到最小，参照下图将角色排列好。

角色最多可以缩小到大约 1 个网格的大小。复制脚印是获得多个脚印的好方法。

（二）小鸡跳跃踩出脚印

1. 选择小鸡脚印，将隐藏积木块拖下来，点击让小鸡脚印先隐藏起来。

2. 为小鸡添加如下积木块：

点击小绿旗后小鸡向上跳 4 次，同时发出橙色的消息。

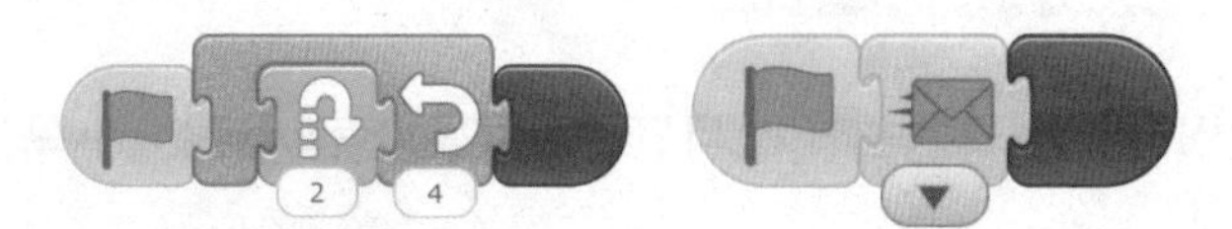

3. 为一只小鸡脚印添加如下积木块：

当收到橙色消息时，暂停 1 秒后显示出来。

【试一试】点击小绿旗，小鸡跳跃时会有脚印显示出来吗？请你复制程序为另一只小鸡脚印也设置这样的效果。

（三）小狗走动踩出脚印

1. 像小鸡那样，让小狗的脚印隐藏起来，接着为小狗设定动作。

2. 为小狗添加如下积木块：

点击小绿旗时小狗向左向右各走 1 步，循环 4 次，同时发出蓝色的消息。

3. 将小鸡脚印的积木块复制给一个小狗脚印，将接受橙色消息改为蓝色消息，再将这段积木复制给其他小狗脚印。

【试一试】点击小绿旗，小鸡、小狗做出动作时会有脚印出现吗？

三、小鸭画枫叶，小马画月牙

小鸭的脚印像枫叶，小马的脚印像月牙。我们要制作小鸭、小马通过动作画出枫叶和月牙的效果。

（一）添加背景角色

1. 制作新页面，添加小鸭和小马，并绘制出小鸭和小马的脚印（可参考下图）。

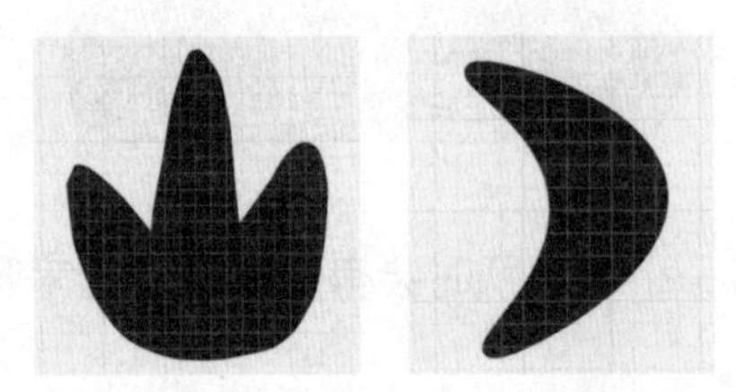

2. 将脚印添加到舞台上缩小到最小，参照下图将角色排列好。

（二）小鸭走动踩出脚印

1. 如上述步骤，让小鸭的脚印先隐藏起来。

2. 为小鸭添加如下积木块：

点击小绿旗时小鸭向右向左各走 1 步，循环 4 次，同时发出绿色的消息。

3. 为小鸭脚印添加如下积木块：

当收到绿色消息时，暂停 1 秒后显示出来。

（三）小马跳跃踩出脚印

【试一试】根据下方小马的动作，请你制作小马跳跃时出现脚印的效果。

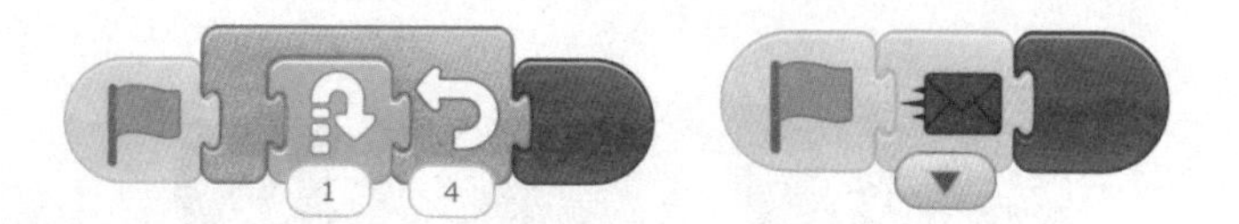

四、青蛙睡着了

冬天，青蛙因为冬眠，在自己的洞穴里睡着啦。我们要制作青蛙在洞里熟睡的效果。

（一）添加背景和角色

1. 新建页面，添加冬天背景以及青蛙角色。

2. 绘制一个椭圆的洞穴和一个睡着的小标志“Z”。

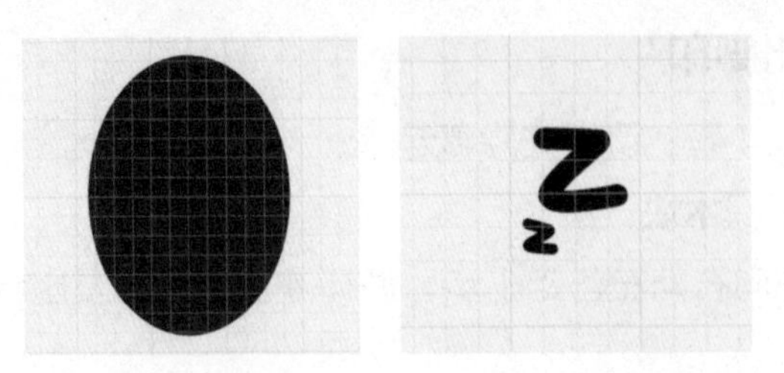

3. 将角色添加到舞台上调整到合适的大小，参照下图将角色排列好。

（二）为“Z”添加积木块

当点击小绿旗时它会缓慢地向上移动 1 步，随后消失，再回到原来的位置，无限循环这样的过程。

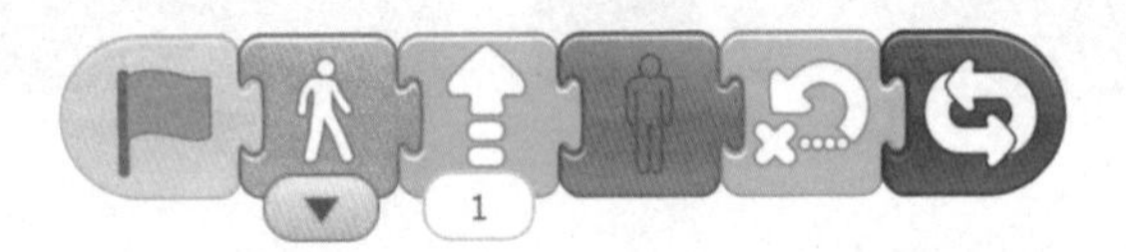

五、动画配音

现在我们需要为所有的页面添加配音。

（一）绘制喇叭

回到第一页，我们来绘制一个小喇叭角色。这里先绘制一个长方形和一个三角形，

将这两个图形组合在一起就变成一个小喇叭。

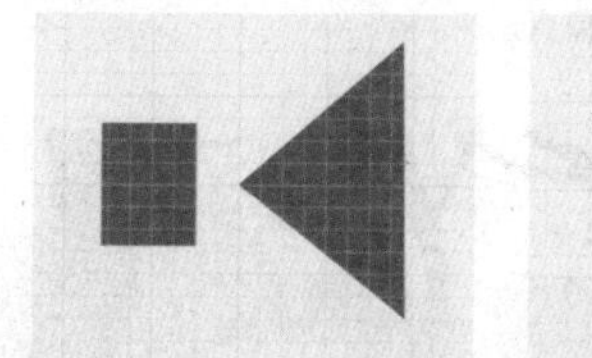 

（二）添加录音

现在添加一段录音，这是动画的第一页，你可以录制“下雪啦，下雪啦！雪地里来了一群小画家。”

为小喇叭添加如下积木块：

点击小绿旗播放录音后切换到第二页。

【试一试】为第 2 ～ 4 页添加小喇叭角色并配音。

·恭喜你！完成了第十八个作品《雪地小画家》，快向家人或小伙伴们展示吧。

你学会了吗?

仔细观察下图，绘制这个电视机用了 ________ 个长方形和 ________ 个圆形。

任务 1：升级《雪地小画家》

为每一页添加相应的文字，如下图所示。

任务 2：查找一篇你喜欢的文章、课文或古诗，将它制作成动画。

我明白啦！

不同的动物有不同的脚印，我们每个人也像小鸡、小狗、小鸭、小马、青蛙那样有不同的天赋和能力，每个人都能拥有自己的精彩生活。

知识回顾

本节课我们了解到小动物们形状各异的脚印，分为五部分将它制作为一个小动画。我们复习了循环积木块的使用、角色和积木块的复制，练习了多个图形的绘制。

积木展示

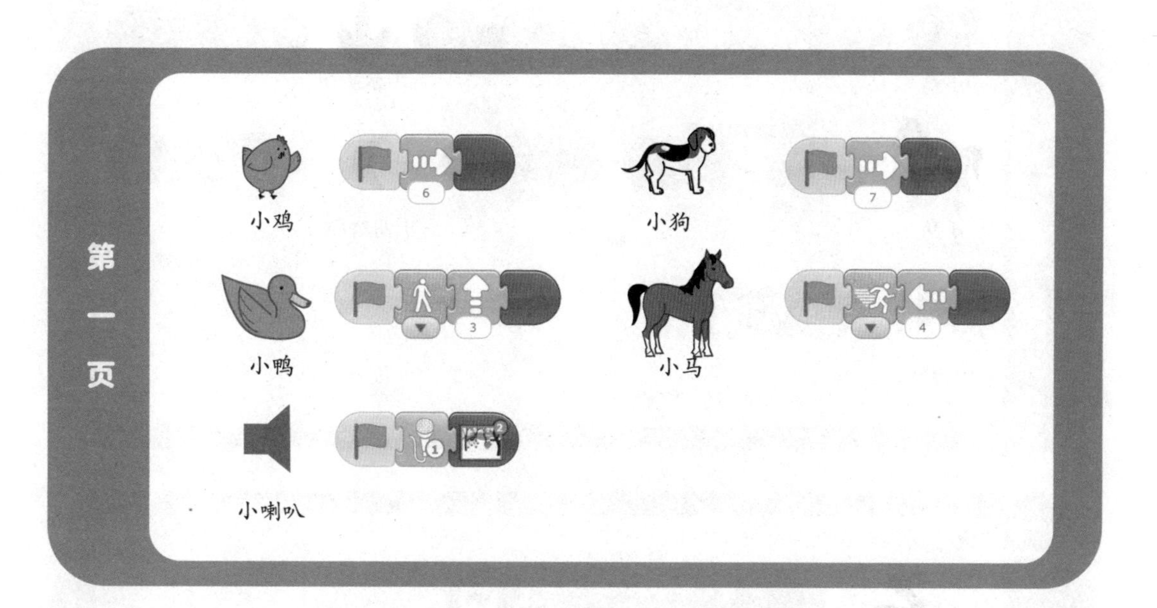

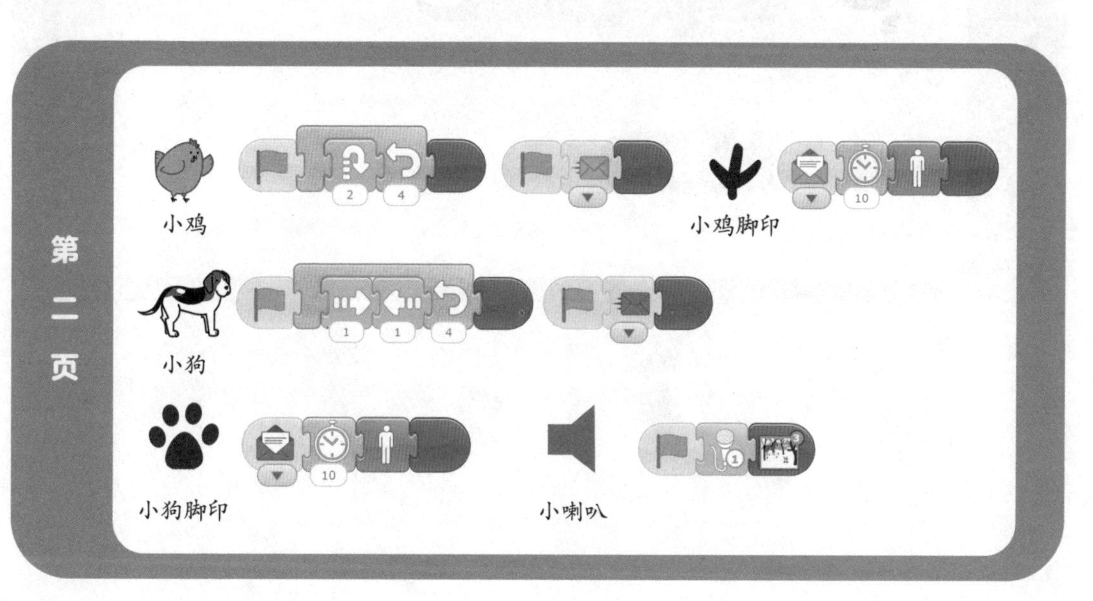

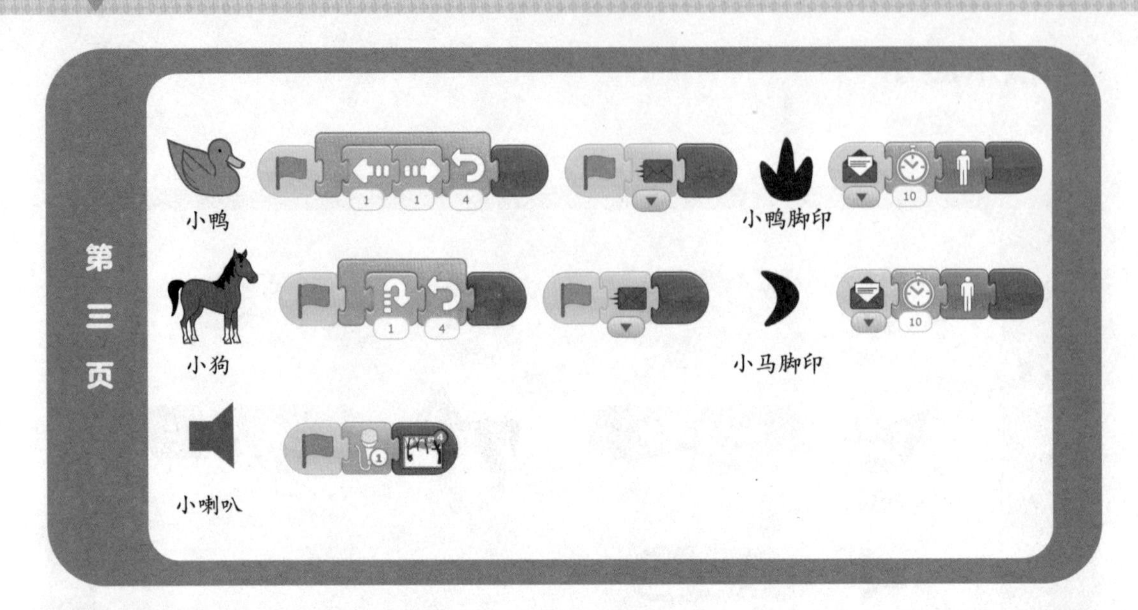
第三页
小鸭
1
1
4
小鸭脚印
10
小狗
1
4
小马脚印
10
小喇叭

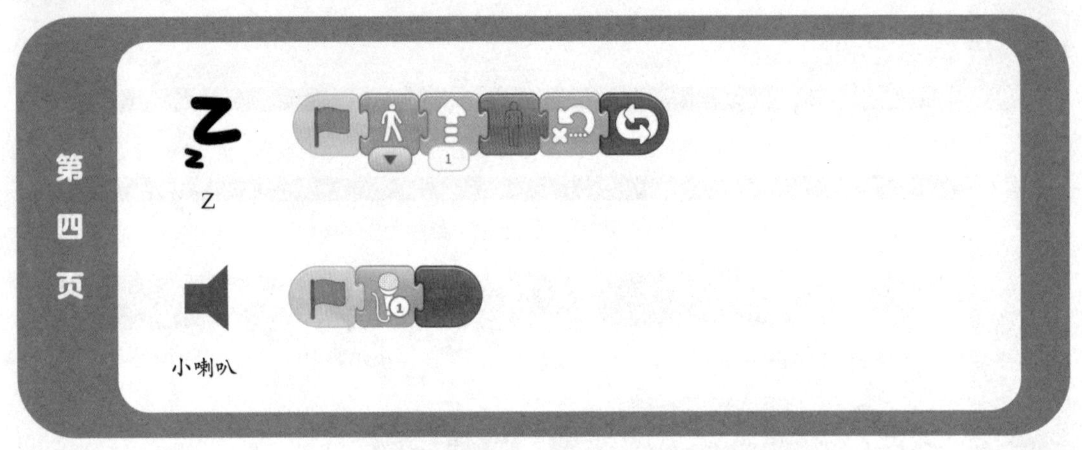
第四页
Z
1
小喇叭

第四章
终极挑战

第一节　跳山羊

跳山羊是一种非常受欢迎的模拟山羊跳跃的儿童游戏，简单好玩，既能锻炼身体，又能培养果断决事的能力。玩跳山羊的时候可以让一个人或器材当作“山羊”，其他人助跑一段后，撑住“山羊”的背，双腿分开从“山羊”头上越过。这项运动在奥运会体操项目里叫“跳马”。

本节课请你和朋友、老师或者家人利用 ScratchJr 一起设计一款跳山羊游戏。

一、游戏背景

请你考虑以下问题：

1. 你是否玩过或见到过跳山羊游戏？请描述跳山羊游戏的规则是怎样的。

____

2. 你认为可以用 ScratchJr 制作跳山羊游戏吗？

____

3. 你认为跳山羊游戏是否好玩并能够给人带来乐趣？

____

4. 你想让哪些人来体验你的游戏？

____

二、游戏规则

请你为跳山羊设计游戏规则：

1. 游戏的开始：______________（例如点击小绿旗）。
2. 游戏中有哪些挑战：______________（例如跳过“山羊”）。
3. 游戏如何操作：______________（例如点击人物或按钮控制人物跳跃）。
4. 游戏的胜利：______________（例如 15 秒内不碰到“山羊”）。
5. 游戏的失败：______________（例如碰到“山羊”）。

三、游戏规划

请你规划游戏，包含以下问题：

1. 你需要分为几部分制作游戏？

一	（例如，准备背景和角色）
二	
三	
四	

2. 你需要几个页面？每个页面的作用是什么？页面上都有什么背景和角色？

页面	作用	背景	内容
页面 1	玩游戏	公园	（人物、_____、_____）
页面 2			
页面 3			
页面 4			

四、编写程序

按照你的游戏规划开始制作并考虑以下问题：

1. 哪些角色需要绘制？
2. 角色开始时的位置在哪？
3. 角色有哪些动作、效果、声音、文字？
4. 角色之间有什么关系？
5. 页面是否需要配音？
6. 页面之间有什么关系？

五、测试程序

1. 每完成一步，就运行一下游戏。这一步是否达到了你想要的效果？如果没有该如何修改？

	是否满意	问题	修改办法
第一步	是 / 否		
第二步			
第三步			
第四步			

2. 完成游戏后运行一下。体验游戏的操作、胜利和失败，是否达到了你的要求。

是否满意	出现的问题	修改办法

六、分享交流

1. 将游戏分享给朋友、老师或者家人，并向他们介绍游戏的玩法、制作过程，请他们体验游戏并作出评价。

序号	评价内容	棒极了	还不错哟	继续加油
1	游戏页面精美、有趣且吸引人			
2	游戏规则合理，角色动作设计合理，角色之间、页面之间关系正常			
3	程序设计合理、有序			
4	游戏操作合理，交互效果好			
5	游戏运行流畅，没有明显错误			
6	建议			

2. 对于这个游戏，你还有什么想法或者需要修改的地方吗？

七、总结反思

序号	评价内容	我的反思
1	我可以把每个角色的程序和整个作品讲清楚	
2	我能够一步一步完成作品	
3	我能做出想要的效果	
4	我能够测试作品，找出问题所在并解决它	
5	我能运用之前所学的知识、做过的作品	
6	我的作品很完整，不缺少角色或者背景	
7	我接受别人的建议并能与他人合作完成作品	
8	我还可以做很多作品	

示例程序

1. 页面 1

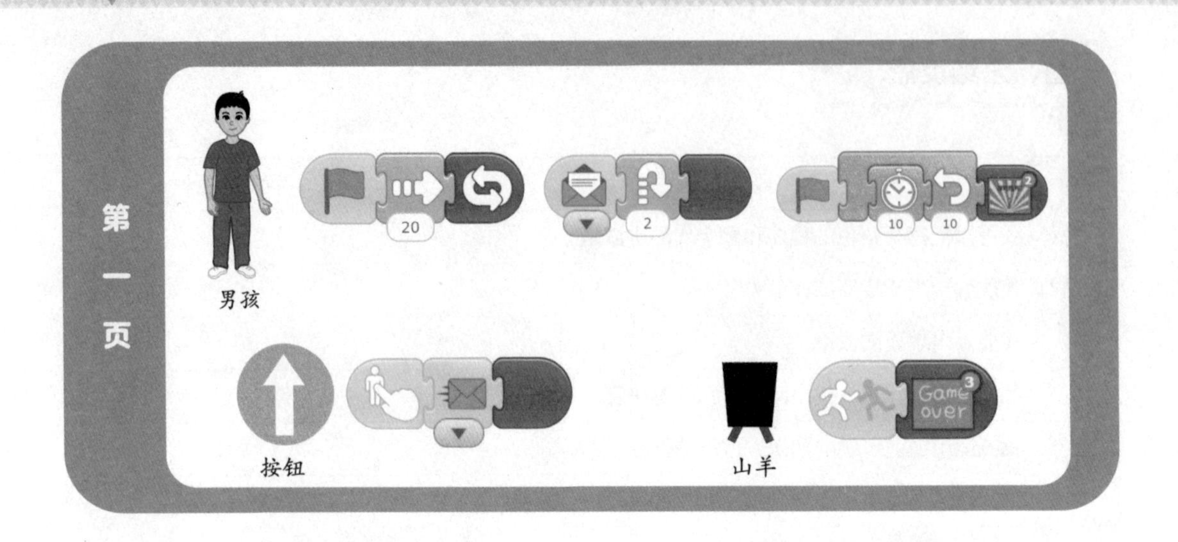

2. 页面 2

3. 页面 3

第二节 大象去哪

2021 年 4 月中国云南有一群野生大象在向北迁徙，受到了人们的广泛关注。一路上人们为大象准备了丰盛的食物，保护它们的安全，宽容地对待它们，最终它们顺利完成迁徙回到家乡。全世界的人民一起见证了大象们的奇幻旅程。

请你在老师或家人的帮助下，通过互联网了解这次大象旅行，说一说你的感想，选择一些内容使用 ScratchJr 制作小故事《大象去哪》，让更多人了解中国对大象的保护。

一、作品背景

请你考虑以下问题：

1. 你从大象迁徙的故事中得到了什么启发？

____

2. 你喜欢这个故事吗？为什么？

____

3. 你还想把故事展示给哪些人？

____

二、描述故事

1. 大象从哪里出发？

□ 森林　□ 城市　□ 草原　□ 月球　□ 荒漠　□ 其他

2. 大象去了哪里？

☐ 农田 ☐ 乡村 ☐ 城市 ☐ 草地 ☐ 小河 ☐ 海边
☐ 荒漠 ☐ 森林 ☐ 其他

3. 大象做了什么？

☐ 大象在路边吃了人们投放的水果	☐ 大象在草地上散步
☐ 大象在河边喝水	☐ 大象在树林里睡觉
☐ 晚上大象在城市里散步	☐ 大象在农田里吃玉米
☐ 大象闯进了屋子	☐ 大象生了小象
☐ 大象和小猪一起玩	☐ 其他

4. 人们做了什么？

☐ 把水果放在路边	☐ 通过无人机拍摄大象
☐ 远远地观察大象	☐其他

5. 请你用自己的话讲一讲你想制作的故事。

6. 故事可以被拆分为几段？

第一段	开始	
第二段	发展	
第三段	高潮	
第四段	结局	

三、故事规划

1. 你需要分为几部分制作这个小故事？

一	
二	
三	
四	

2. 你需要几个页面？每个页面的作用是什么？页面上都有什么背景和角色？

页面	作用	背景	内容
页面 1			
页面 2			
页面 3			
页面 4			

四、编写程序

按照你的游戏规划开始制作并考虑以下问题：

1. 哪些角色需要绘制？
2. 角色开始时的位置在哪？
3. 角色有哪些动作、效果、声音、文字？
4. 角色之间有什么关系？
5. 页面是否需要配音？
6. 页面之间有什么关系？

五、测试程序

1. 每完成一步，就运行一下作品。这一步是否达到了你想要的效果？如果没有该如何修改？

	是否满意	问题	修改办法
第一步	是 / 否		
第二步			
第三步			
第四步			

2. 完整地播放你制作的小故事，是否达到了你的要求？

是否满意	出现的问题	修改办法

六、分享交流

1. 将故事分享给朋友、老师或者家人，并向他们介绍你的作品，请他们体验游戏并作出评价。

序号	评价内容	棒极了	还不错哟	继续加油
1	游戏页面精美、有趣且吸引人			
2	游戏规则合理，角色动作设计合理，角色之间、页面之间关系正常			
3	程序设计合理、有序			
4	游戏操作合理，交互效果好			
5	游戏运行流畅，没有明显错误			
6	建议			

2. 对于这个游戏，你还有什么想法或者需要修改的地方吗？

七、总结反思

序号	评价内容	我的反思
1	我可以把每个角色的程序和整个作品讲清楚	
2	我能够一步一步完成作品	
3	我能做出想要的效果	
4	我能够测试作品，找出问题所在并解决它	
5	我能运用之前所学的知识、做过的作品	
6	我的作品很完整，不缺少角色或者背景	
7	我接受别人的建议并能与他人合作完成作品	
8	我还可以做很多作品	

示例程序

描述故事：

在西双版纳，一群大象离开了自己的家园不知要去何处。

一路上大象在草地上散步，在树林里休息，但有时大象会破坏人们的庄稼。

人们并没有生气，还给它们许多水果吃。

在人们的保护下，它们不但生了小象，而且最终回到了自己的家。

1. 页面 1

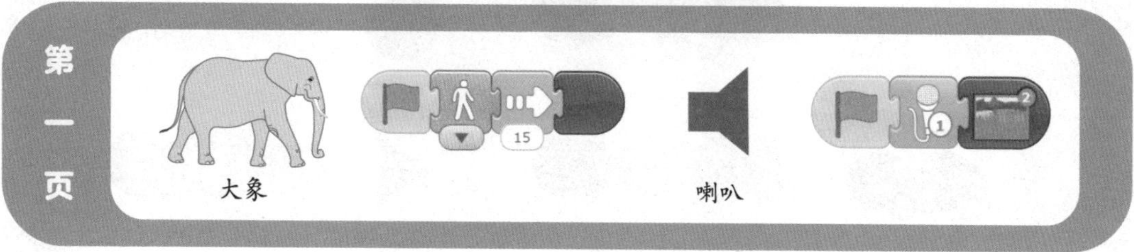

2. 页面 2

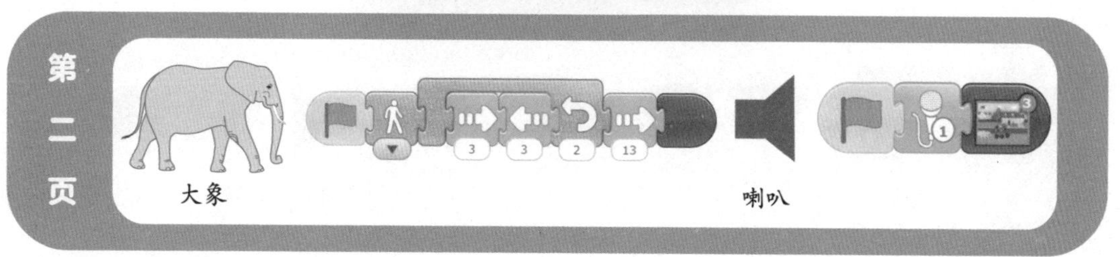

3. 页面3

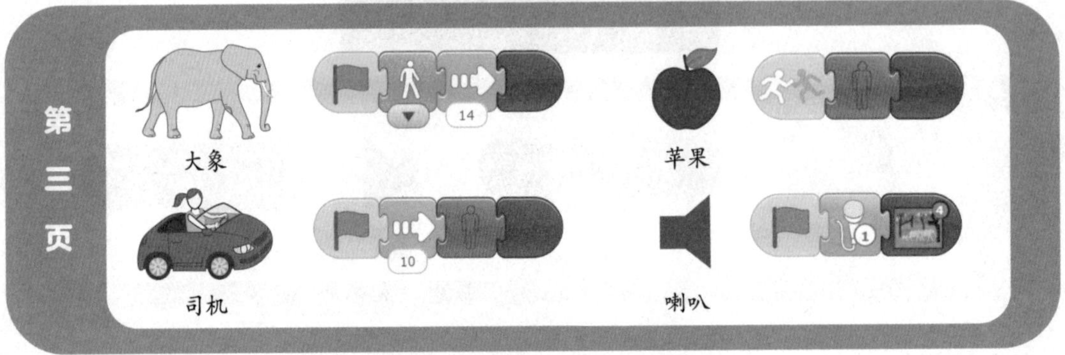

4. 页面4

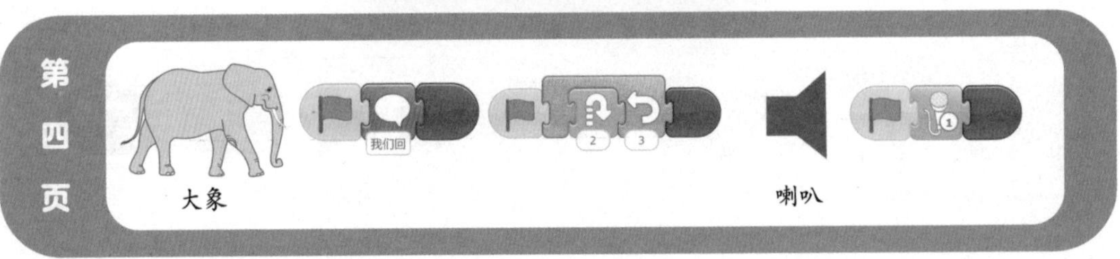

附录

附录一 参考答案

第二章 ScratchJr 入门

第一节

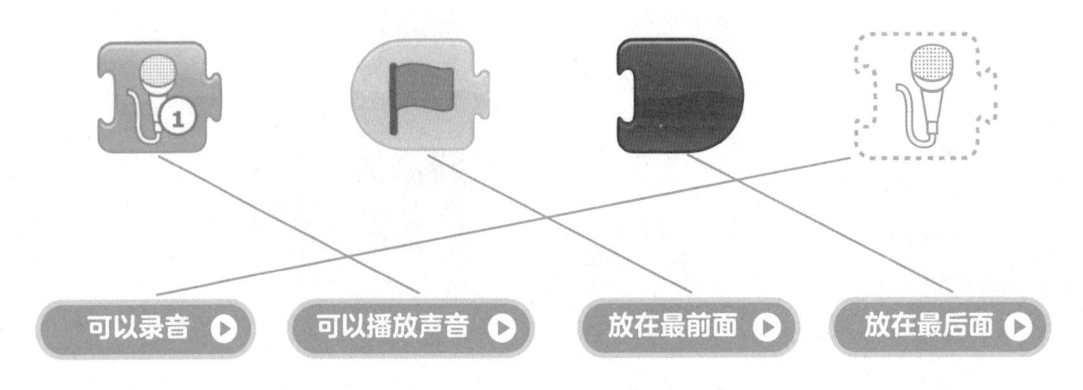

第二节	第三节	第四节	第五节
A	B	C	B

第六节

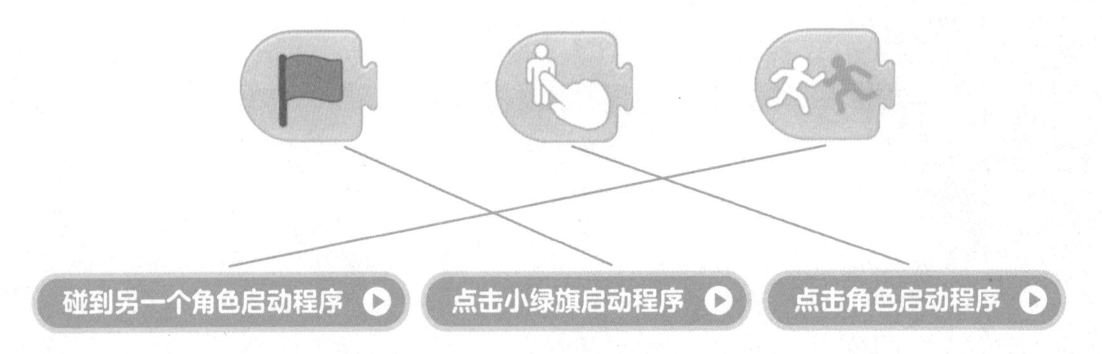

第七节	第八节	第九节	第十节	第十一节
D	④ ③ ② ⑤ ①		B	A

第十二节

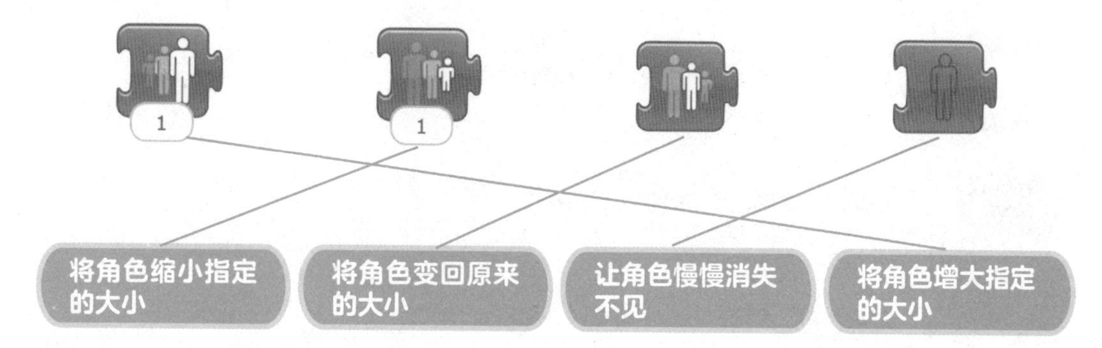

第三章　ScratchJr 综合运用

第一节

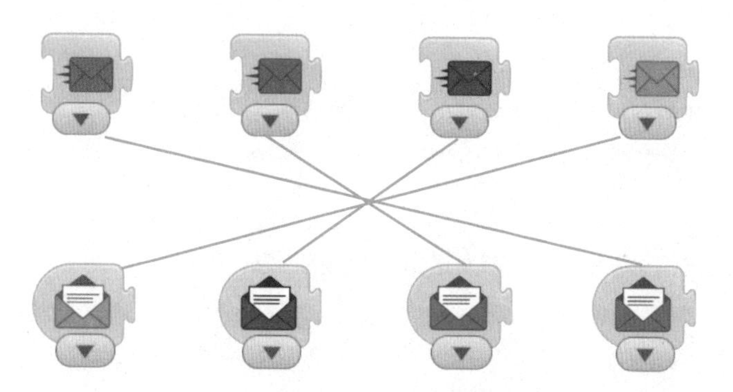

第二节	第三节	第四节	第五节
C	B	B	A C

第六节

4 个长方形，3 个圆形。

附录二　积木块指南

	启动盒子，里面的积木块可以用来启动程序
	小绿旗积木块，点击绿旗时启动程序
	点击开始积木块，当点击角色时启动后面的程序
	碰到开始积木块，碰到其他角色时就会启动后面的程序
	接收消息积木块，接收到指定颜色的消息时启动程序
	发送消息积木块，能够发送指定颜色的消息，共六种颜色
	动作盒子，里面的积木块可以让角色动起来
 1	向右走积木块，可以使角色向右移动指定的步数

续表

1	向左走积木块，可以使角色向左移动指定的步数
1	向上走积木块，可以使角色向上移动指定的步数
1	向下走积木块，可以使角色向下移动指定的步数
1	向右转积木块,能将角色向右旋转指定的角度。数字为 1 ~ 12,像时钟上的时针一样,12 表示转一圈
1	向左转积木块,能将角色向左旋转指定的角度。数字为 1 ~ 12,像时钟上的时针一样,12 表示转一圈
2	跳跃积木块，可以让角色跳起指定的格数
	回家积木块，可以让角色回到原来的位置
	外观盒子，里面的积木块可以使角色外观发生改变

续表

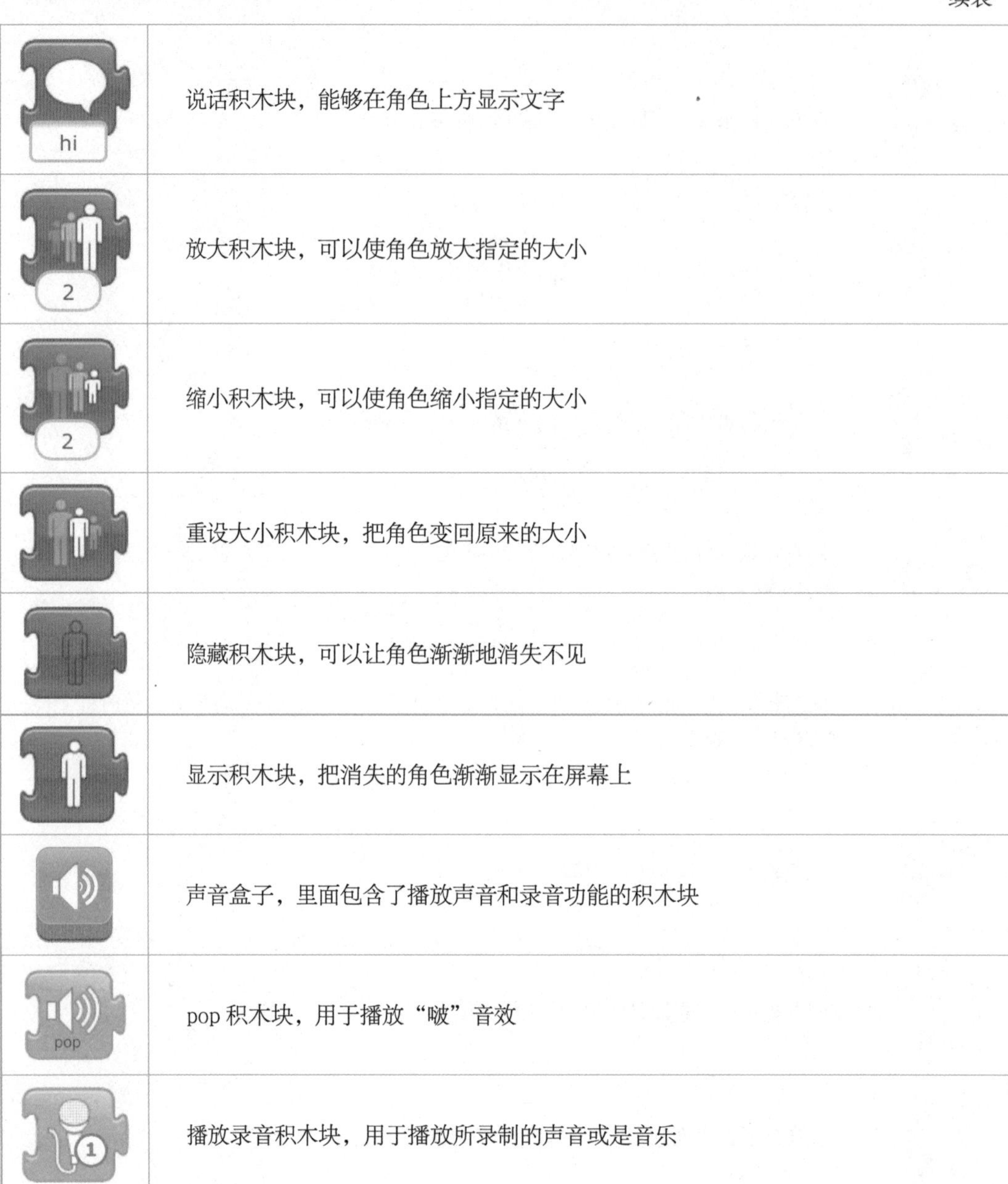

hi	说话积木块，能够在角色上方显示文字
2	放大积木块，可以使角色放大指定的大小
2	缩小积木块，可以使角色缩小指定的大小
	重设大小积木块，把角色变回原来的大小
	隐藏积木块，可以让角色渐渐地消失不见
	显示积木块，把消失的角色渐渐显示在屏幕上
	声音盒子，里面包含了播放声音和录音功能的积木块
pop	pop 积木块，用于播放“啵”音效
1	播放录音积木块，用于播放所录制的声音或是音乐

续表

	控制盒子，里面的积木块能更好地控制程序运行
	暂停积木块，可以让角色暂时停下来一段时间，这里的 10 等于 1 秒
	停止积木块，停止执行所有角色上的程序
	设定速度积木块，能够改变角色移动时的速度
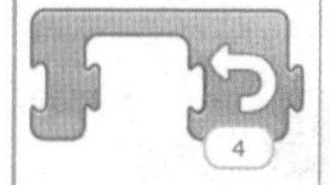	循环积木块，可以将包含的程序重复执行指定的次数
	结束盒子，里面的积木块放在最后，表示程序到这里结束
	结束积木块，用来表示一段程序结束
	无限循环积木块，使前面的积木块不停地重复运行
	切换页面积木块，能切换到指定的页面

附录三　课程中的计算思维

简单来说，计算思维就像计算机科学家一样去思考问题、解决问题的思维，我们可以从计算概念、计算实践、计算观念三部分来理解它。

一、计算概念

当儿童在使用 ScratchJr 进行创作时会接触到许多编程语言中常见的计算概念，如下表。

内容	描述	在课程中的体现	举例
序列	确定任务的一系列步骤	程序段	1
循环	重复运行相同的序列	循环和无限循环	1
并行	让多件事情同时发生	多条程序同时运行	3　3
事件	一件事导致另一件事发生	触发类积木	
条件	根据条件做出决定	碰到积木块	

二、计算实践

计算实践关注的是儿童利用 ScratchJr 创建作品的学习过程和问题的解决策略，关注学生如何学习而不是学会什么。主要包含以下四种主要的实践。

内容	描述	在课程中的体现	举例
抽象和模块化	探索整体与部分之间的联系	将现实问题转化为作品，需要哪些角色；将角色的程序分为许多不同功能的积木段	《虚拟留声机》将留声机制作为动画，需要唱片和唱针角色；为留声机制作旋转功能和播放声音功能
实验和迭代	开发一点点，然后尝试开发更多	任务分解，逐步制作	每个作品分为 3 ~ 5 个部分制作
测试和调试	确保一切正常，解决出现的问题	每完成一个部分都要运行一次	试一试等环节
再利用和再创作	在现有项目或想法的基础上创造	角色、积木的复制；挑战任务等环节	《自行车竞赛》复制一个按钮并改变颜色；制作三人自行车赛

三、计算观念

计算观念是儿童在使用ScratchJr创造过程中不断形成的对自己与他人关系和对周围世界的理解，这是除了计算概念、实践之外的一种有关人格塑造、思维习惯养成的学习结果。

内容	描述	课程对应	举例
表达	我可以创造	创造作品并借助作品表达自己的想法	《给妈妈的信》中制作动画感谢妈妈
联系	当我可以接触到他人时，我可以做不同的事情	鼓励一起创建作品；为他人创作有意义的作品	《环保小达人》小游戏倡导人们不乱扔塑料瓶
提问	我可以提出（计算）问题来理解世界中的（计算事物）	思考任何东西如何编程	《家庭相册》中用编程工具制作电子相册